珍珠

沙拿利　张晓晖　编著

地质出版社
·北　京·

内 容 简 介

本书系统地阐述了珍珠的发展历史、珍珠的宝石学特征和分类、珍珠的养殖技术与推广历程、珍珠的优化处理与鉴别、珍珠质量评价与分级，以及当代中国珍珠产业发展浅析与中国优秀珍珠企业概述等，可为珍珠养殖技术与产业发展各个链条的实践研究、经验交流，促进珍珠产业发展提供一些思考与借鉴。

本书可供珠宝玉石首饰行业管理者、研究人员、业内人士及院校师生阅读参考。

图书在版编目（CIP）数据

珍珠/沙拿利编著. — 北京:地质出版社，2013.9

ISBN 978-7-116-08475-9

Ⅰ. ①珍… Ⅱ. ①沙… Ⅲ. ①珍珠－基本知识 Ⅳ. ①S966.23

中国版本图书馆CIP数据核字(2013)第203822号

责任编辑：郑长胜　肖莹莹
责任校对：王洪强
出版发行：地质出版社
社址邮编：北京海淀区学院路31号，100083
咨询电话：(010) 82324575（编辑室）
网　　址：http://www.gph.com.cn
传　　真：(010) 82310749
印　　刷：北京地大天成印务有限公司
开　　本：787mm×960mm　1/16
印　　张：14
字　　数：300千字
版　　次：2013年9月北京第1版
印　　次：2013年9月北京第1次印刷
定　　价：180.00元
书　　号：ISBN 978-7-116-08475-9

序言

《海史·后记》中记载，公元前约4000年，传说中的五帝之一大禹定“南海鱼草、珠玑大贝”为贡品。按这个说法，中国珍珠历史已经有6000年之久。在之后各时期的文献中，也出现了大量的有关珍珠的记载，同时也流传着诸如“合浦还珠”、“隋侯之珠”的美丽动人故事。今天，中国珍珠产量占全球95%，成为名副其实的珍珠大国。珍珠，是华夏文明的见证者，是中华民族发展史的缩影。

世界文明中，珍珠的身影也随处可见。无论是古印度、古埃及、古巴比伦王朝，还是古希腊，珍珠的记载也都是俯拾皆是。15世纪的欧洲，人们对珍珠狂热的迷恋，王室甚至开始为珍珠立法，因而这一时期被称为“珍珠时代”。

为什么珍珠超越了时间、种族的界限，受到了如此至高无上的礼遇？其一，是因为珍珠的稀少。19世纪以前，珍珠主要靠人工采捕。由于缺乏必要的劳动保护，采珠人生命毫无保障，窒息而死或葬身鱼腹的不在少数。那时，珍珠是“珠农”用血泪生命换来的，稀有而珍贵。其二，珍珠圆润、凝重，光洁靓丽，在当时珠宝加工工艺还相当落后的情况下，珍珠是唯一不需切磨就可以佩戴的珠宝产品，所以，珍珠自然也就受到了人们的追捧。

19世纪以后，珍珠养殖技术的出现使得珍珠的批量化生产成为可能。今天，中国已经成为全球最重要的珍珠产地。珍珠养殖作为第一产业，为地方经济发展，为解决劳动就业做出了贡献。然而，由于一些养殖者的短视，单纯追求产量而忽视质量，造成珍珠价格大跌，最终损害的是珍珠行业自身利益。如何持续稳定地发展珍珠产业，继承和发扬悠久的珍珠文化，成为摆在珍珠从业人员面前的一道难题。本书作者正是试图做出一些探索。

本书共分七章，从珍珠的历史到现状、珍珠的分类到鉴别、珍珠的养殖到加工、珍珠的评价到分级，做了全面系统的论述。在经过全面的梳理后，作者指出了中国珍珠产业发展存在的问题、不足，指明了发展趋势并提出了珍珠产业未来的发展思路。本书将中国珍珠产业发展历史划分为六个阶段，并归纳出各阶段的发展特点；结合国际珍珠分级，对中国珍珠分级做了图文并茂、系统详细的阐述；对当前中国珍珠产业发展存在问题、发展趋势及对策进行了深入浅出的论述，应当说形成了一些独到的见解。

市场可见的关于珍珠方面的专业书籍并不多。本书既有珍珠专业知识，又配有大量的实物图片。层次分明，概念清晰，深入浅出，通俗易懂，实用性强，是广大珍珠爱好者、从业人员的适用读本。

本书作者沙拿利是矿物学、岩石学、矿床学硕士研究生，中国珠宝玉石首饰行业协会副秘书长，中国珍珠实物标准样品研制项目负责人，多年从事珍珠方面的研究及市场推广工作，具有深厚的理论基础及丰富的实践经验。这本书是作者多年对珍珠潜心研究的成果。希望能为中国珍珠产业的发展做出一点贡献。

2013.8.15

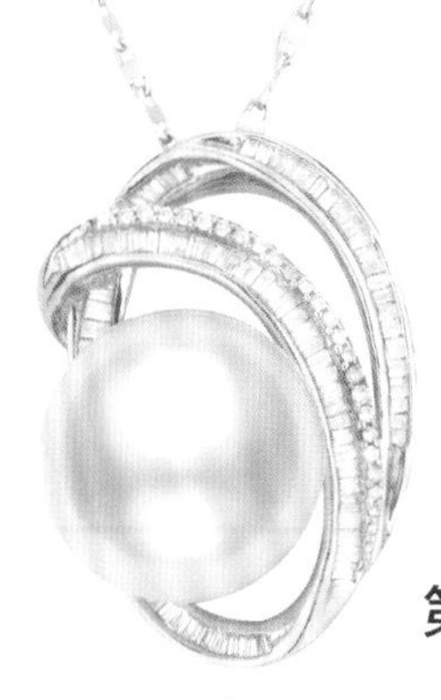

目录

GAISHU

第一章

概述

第一章 概述

珍珠是贝类或蚌类软体动物内分泌作用而生成的一种有机宝石，海水中贝类孕育的珍珠叫海水珍珠，淡水中蚌类孕育的珍珠叫淡水珍珠。

珍珠的英文为Pearl，源于拉丁语Pernnla，意为“海之骄子”。人们将其誉为宝石“皇后”，并把它作为6月份的生辰石和结婚13周年和30周年的纪念石。佛家更把珍珠与金银、琉璃、砗磲、玛瑙、琥珀和珊瑚并列为佛教七宝。

珍珠的美丽浑然天成，不需人工雕琢加工就是一件漂亮而珍贵的饰品。珍珠色彩柔和，光泽靓丽，质地细腻洁净，每一颗都独具魅力。

古人认为，珍珠是神灵赐予人类的，因此，佩戴珍珠以祛灾避邪；封建社会，“富者以多珠为荣，贫者以无珠为耻”，佩戴和拥有珍珠是权贵阶层地位、身份、权力和财富的象征，那时的珍珠是少数达官贵人的专属；现代社会，随着珍珠养殖技术的成熟，珍珠产量不断增加，古老神秘的珍珠开始走入寻常百姓家，特别是对珍珠药用、美容等功效的深入挖掘，使

珍珠的文化

钻石、红宝石、蓝宝石、祖母绿、翡翠、珍珠，自古以来被认为是大自然赋予人类的“五皇一后”。珍珠以其绚丽的“珠光宝气”和高雅纯洁的品格而被誉为“宝石皇后”。珍珠的英文名称为Pearl，是由拉丁文Pernnla演化而来的，它的另一个名字Margarite，则由古代波斯梵语衍生而来，意为“大海之子”。珍珠为6月生辰石，结婚13周年和30周年的纪念石，象征着健康、纯洁、富裕、幸福、长寿。珍珠在各国都有其独特的意义：阿拉伯——财富；中国——母爱；埃及——爱；希腊——纯洁；印度——快乐；罗马——爱和欢愉。珍珠还是法国的国石。

得珍珠产品不断丰富。珍珠已成为珠宝消费中上升最快的品种之一。

第一节　珍珠发展历史

海洋中贝类或淡水中的蚌类是孕育珍珠的母体。据地质学家考证，距今约2亿年前的三叠纪已出现了大量贝类生物。澳大利亚和美国的地质学家研究表明，地球上发现的最早的珍珠出土于距今2亿年前的匈牙利三叠纪地层中，直径仅0.1mm，它来自一种已经灭绝的软体动物门(Mollusco)中的生物体内，而在德国的中新世地层中，发现了2000多万年前的珍珠，直径为4.0mm。

珍珠是人类较早使用的珠宝之一。人类何时开始采用珍珠的准确时间现已无从考证，但天然珍珠的采撷史至少已有数千年。在古人的眼中，珍珠是最美丽的瑰宝。因为当时宝石加工技术的缺失和低下，珍珠是唯一不需打磨就熠熠生辉的宝石品种，其自然天成、天生丽质的特性奠定了珍珠在珠宝产品中的重要地位。

一、我国珍珠发展的历史分期

我国是世界上最早发现和使用珍珠的国家之一，是当之无愧的珍珠之邦。有文字记载，我国的珍珠史始于6000年前的大禹时代。据《海史・后记》记载：公元前约4000年，中国传说中五帝之一的大禹定“南海鱼草、珠玑大贝”为贡品。在之后各时期的文献中，也出现了大量有关珍珠的记载。依据文献记载（附录1）和各时代出土的珍珠饰品，可大致将我国珍珠发展历史划分为六个阶段、三个高峰。

（一）萌芽期

我国珍珠发展的萌芽期自新石器时代至战国。

何谓“隋侯之珠”

传说战国时西周隋侯（封地在今湖北一带）在出巡封地时，一日行至渣水，忽见山坡上有一巨蟒身受刀伤，奄奄一息。隋侯望着巨蟒，恻隐之心大动，遂动手为其敷药治伤。巨蟒伤愈后，围着隋侯马车连转三圈，依依惜别。隋侯出巡归来，走至渣水时，忽见一少儿拦路献珠。隋侯细问原因，少儿只是不说，隋侯拒绝接受。

第二年，隋侯又一次出巡渣水，忽然梦到那个曾经拦路的少年，说他原是那条受伤的巨蟒，一心感念他的救命之恩，只是无以为报，特将冠上明珠献上，望他收纳。隋侯醒来，果然见到身边有一颗稀世珍珠，大为惊奇，于是将其随身携带。

“隋侯之珠”反映了国人“知恩必报”的观念。

萌芽期的珍珠多以贡品形式呈现。《诗经》、《山海经》、《周易》等古籍中均有珍珠的相关记载。西周出现了我国最早的珍珠饰品，《格致镜原》中记载了周文王用珍珠装饰发髻。在商朝之前，南珠的主要产区——广西合浦已经开始采集珍珠，且以优质的“南珠”享有盛名，被商王定为贡品。在《商书·伊尹献词》中有最早的南珠进贡的记录：“伊尹受命于是为四方令曰：‘正南瓯、邓、桂国、损子、产里、百濮、九菌，请令以珠玑、玳瑁、象齿、文犀、翠羽、菌鹤、短狗为献。’”这里的正南瓯、邓、桂国、损子、产里、百濮、九菌主要指今天的两广一带，也就是合浦、钦州、防城港等主要产珍珠的区域。广西合浦位于北部湾，气候和水质给珍珠贝提供了良好的生活和繁殖环境，自商代之后，合浦珍珠一直作为贡品，源源不断上贡给朝廷。目前，故宫博物院里陈列的珍珠饰品，大多是广西合浦出产的。

在战国时期，合浦开始有了珍珠生产加工，并出现了使用珍珠作为饰品和药物，用珍珠作为商品与商人交换粮食等生活必需品的现象。《战国策》记载，吕不韦就是战国时代的珍珠商人。

早在新石器时代，世界各地就出现了用贝壳、海螺制作的饰品。在北京市门头沟区胡林村发现的一座新石器时代的早期墓葬中，发现了用小螺壳制作的串饰，在商周的墓葬中，出土了大量的贝壳串饰。这些贝壳串饰被考古学家命名为“殉贝”。殉贝除了具有装饰作用外，古人还寄予它“再生”的内涵，祈望用殉贝陪葬能够使死者复生。据现代考古实物出土资料，较早的珍珠饰物出土于陕西扶风强家村的西周中期墓葬中。1992年，山东淄博临淄商王村“赵陵夫人”的墓葬中出土一对战国晚期至秦的金耳饰，用黄金、绿松石、珍珠和古牙串珠组合而成。

在我国使用珍珠的萌芽时期,先民们对珍珠的了解还较为浅显。对珍珠的成因尚不清楚，多认为是神灵所赐，或因于某种神奇现象长成。所以，当时的人们多认为珍珠具有奇异的功能，并具有起死回生的能力而用于陪葬，附会较多如“隋侯之珠”之类的神奇传说和故事。这个时期的珍珠多以就近采捕的天然珍珠为主，包括会稽的淡水珍珠在内，当时并未形成专门的捕珠业，“淮夷蠙珠”、“谓老产珠者也，一名蚌”均证实这一点。该时期珍珠产量较少，极为珍贵，多作为贡品上缴用于统治者的殉葬品和装饰佩戴。

（二）第一次兴盛期

在秦汉至南北朝期间，我国的珍珠发展出现第一次兴盛期，以汉代为该时段的高峰。

秦朝实现了中原的大统一，“普天之下，莫非王土”，珍珠也不例外，在秦代，已经有出于南海的“南珠”进贡皇帝。中国的采珠历史始于秦汉。从此以后的历史上，朝廷设立专门的机构管理珍珠采捕，只能官方采捕，禁止民间私自采捕和买卖珍珠。在朝廷统一管理下的采珠人是终生不能易业的贱民，在朝廷的监督下捕捞珍珠，所得珍珠要上交官府。

自秦开始，史料记载中已出现明确的珍珠民间贸易的记录，合浦有珠市开埠，史称“廉州珠市”，成为中原商贾与东南亚交往贸易的重要集散地。《韩非子·外储说左上》中“买椟还珠”的故事从侧面说明了当时已经出现了珍珠的交易和首饰贸易。

买椟还珠

《韩非子·外储说左上》："楚人有卖其珠于郑者，为木兰之柜，薰以桂椒，缀以珠玉，饰以玫瑰，辑以羽翠，郑人买其椟而还其珠，此可谓善卖椟矣，未可谓善鬻珠也。

到了汉代，合浦作为珍珠专门的集散地，合浦民众用珍珠与交址（越南）一带交换粮食，这是较早的国际珍珠贸易形式之一。中原地区也与合浦地区进行珍珠贸易，《史记·货殖列传》记载“番禺亦一都会也，珠玑、犀、玳瑁、果、布之凑”，当时的人称圆的珍珠为珠，不圆的珍珠为玑，珠玑就是指珍珠。广东省的雷州也是当时的产珠区。古书上把靠近合浦和雷州的海域称为珠池。珍珠商人也来往于此地，广州的南海、番禺、顺德等地的商人，专门经营珍珠贸易。汉朝进一步区分采珠区，将珍珠产区分为南北两地，北地以东北的牡丹江等地的淡水珠为代表，史称北珠；南地以广西合浦地区所产的天然海水珠为代表，史称南珠。采珠业成为产业，其中合浦有数千人以采珠为生，史称“珠民”。珍珠开始分为天然海水珍珠和天然淡水珍珠。朝廷接受合浦地方官吏进贡的天然海水珍珠，同时，会稽的“湖珠”也有效补给市场。西汉时期，王室广泛使用珍珠，衣、住、行都以珍珠为饰，作为尊贵的象征，形成了“富者以多珠为荣，贫者以无珠为耻”的风尚。汉代皇帝无一例外都喜爱珍珠，以汉武帝为甚。汉大夫晁错写道：“夫珠玉金银，饥不可食，寒不可衣，然众贵之者，以上用之故也。”晁错将珍珠列于金银和美玉之前，可以看出珍珠在汉代具有相当的地位。《盐铁论》记载，汉武帝用珍珠制作光明殿的珠帘，大殿“皆金玉珠玑为帘箔，处处明月珠，金陛玉阶，昼夜光明。”在汉代，珥珰多垂饰琉璃珠、玉珠和珍珠，珍珠的成件首饰较少。在辽宁旅顺鲁家村西汉墓出土过一件以22颗珍珠、69节陶管和琉璃管组成的项链。在汉代的西域各族中，常见用珍珠与骨、玛瑙、松石、珊瑚、金银珠、玻璃珠和料珠搭配制作的项链，以色彩和珠子的形状装饰成错落有致的情韵。东汉时期，合浦珍珠采捞活动频繁，以至珍珠资源遭到了严重破坏，汉顺帝期间的“合浦还珠”证实了这一点 。

在三国黄武七年（公元228年）， 改合浦郡为珠官郡。

晋代起，朝廷有计划地采集珍珠，合浦地区海水珍珠资源得到有效保护，珠贝繁衍生息，晋太康三年（公元218年），晋武帝下诏，派兵守护廉州珠池，严令庶民不得自行入海采珠，采珠事宜，须由官府统一部署。

南北朝时期，依据大小和形态，珍珠被分成“九品”，这是历史上首次建立对珍珠进行质量评价的标准。

在珍珠的第一次兴盛期，天然的海水珍珠和淡水珍珠被采捕利用，已形成相对独立的人工采珠和贸易产业；出现了“以珠易米”的贸易场景，规模空前。天然海水珍珠开始成为珍珠市场的主要商品，“南珠”的地位开始得到确立和认同。政府确立了采珠的税率，开始了对珍珠纳税的历史。在这个时期，历史文献开始出现珍珠的记录，并出现了有据可考的珍珠使用的记载。人们对珍珠的研究逐渐深入，已掌握准确的珍珠鉴定方法，探究了其成因和

合浦还珠

《后汉书·孟尝列传》：「（尝）迁合浦太守。郡不产谷，而海出珠宝，与交阯比境，常通商贩，贸籴粮食。先时宰守并多贪秽，诡人采求，不知纪极，珠遂渐徙于交阯郡界。于是行旅不至，人物无资，贫者饿死于道。尝到官，革易前敝，求民病利。曾未逾岁，去珠复还，百姓皆反其业，商货流通，称为神明。」

分类；珍珠被用于衣、住、行、医药等生活相关领域，在秦汉期间，合浦珠民就开始使用珍珠粉治疗刀伤、烧烫伤、疔疮溃烂，并内服清热解毒。

（三）第一次平稳期

珍珠发展的第一次平稳期自隋至唐。此阶段主要为天然海水珍珠的开采与利用。由于前期830多年的大量开采，珍珠资源较为匮乏。唐高祖武德六年（公元623年）“以路途遥远，苛烦民力”，拒而不受钦州总管宁长真进献的“合浦大珠”；唐太宗采取了“去奢省费，轻徭薄赋，选用廉吏，使民衣食有余”的经济措施；唐高宗下令停止向朝廷进贡珍珠，禁止采珠。但到了唐代鼎盛时期，国泰民安，唐懿宗咸通四年（公元863年）2月，开放廉州珠禁，“一任商人兴贩，不得禁止往来”，合浦珍珠贸易也由此日渐兴旺，成为岭南五大珍珠市场之首。

图1–1　隋 嵌珍珠宝石金花蝶头饰

图1–2　隋 嵌珍珠宝石金项链

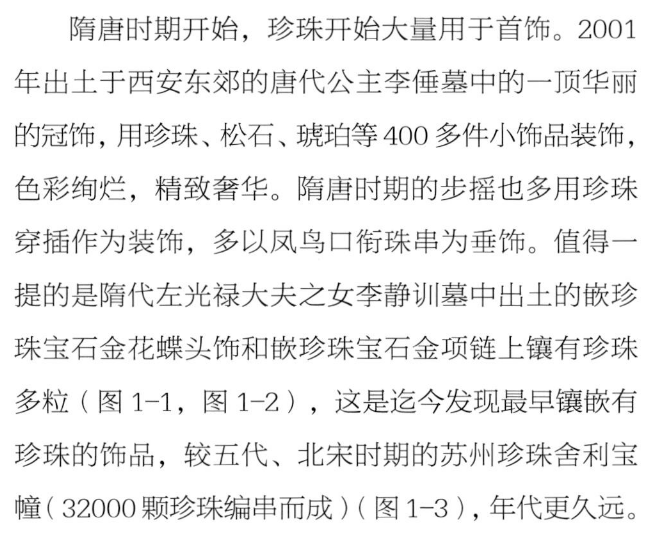

隋唐时期开始，珍珠开始大量用于首饰。2001年出土于西安东郊的唐代公主李倕墓中的一顶华丽的冠饰，用珍珠、松石、琥珀等400多件小饰品装饰，色彩绚烂，精致奢华。隋唐时期的步摇也多用珍珠穿插作为装饰，多以凤鸟口衔珠串为垂饰。值得一提的是隋代左光禄大夫之女李静训墓中出土的嵌珍珠宝石金花蝶头饰和嵌珍珠宝石金项链上镶有珍珠多粒（图1–1，图1–2），这是迄今发现最早镶嵌有珍珠的饰品，较五代、北宋时期的苏州珍珠舍利宝幢（32000颗珍珠编串而成）（图1–3），年代更久远。

隋唐时期，珍珠采捕得到限制，珍珠进入了一个缓和发展的时期。隋唐帝王诏令禁采，采珠总体平稳，主要作为贡品为帝王享用，珍珠的使用开始出现等级限定。珍珠贝资源逐渐恢复，唐中后期主要对合浦珍珠加大了开采力度；南珠的历史地位进一步巩固，后期对南珠的采捕未进行严格管理，民间贸易日渐繁荣，形成岭南五个珍珠市场。

（四）第二次兴盛期

第二次兴盛期自五代十国至明末，以明代为历史最高峰。

五代十国南汉自刘龚至后主刘鋹均极度奢侈，广聚珠宝珍玩。大宝六年（公元 963 年），后主刘鋹募会采珠的士兵 8000 人在海门镇（今廉州镇）设置媚川郡，专事采珠供南汉宫廷挥霍，这是朝廷直接管理合浦珠业的开端。

五代十国至宋初均在合浦郡大力捕采珍珠，产量前所未有。宋太祖平岭南，一度对珍珠资源采取了保护政策。公元 972 年，宋太祖诏令合浦置媚川郡，禁止私采，南珠正式成为向朝廷进贡的贵重物品，定期向朝廷进贡，太平兴国二年（公元 977 年），“容州贡珍珠百斤”，雍熙元年（公元 984 年）废岭南各州采珠场，朝廷唯通过商船互市购买及受海外进贡珍珠。南宋高宗绍兴二十六年（公元 1156 年）诏“免廉州岁贡珍珠，解散丁，船民采珠自便”。“北珠”已开始列为贡品，北宋神宗熙宁年间“朝贵已重尚之，谓之北珠”。宋代开创了我国人工养殖珍珠的先河，并将其养珠法传到了日本。宋代对珍珠的利

图 1–3　珍珠舍利宝幢

用亦史无前例，如在苏州发现的北宋珍珠舍利宝幢高达 1.22m，其中的珍珠多达 32000 颗。

宋代贵族青睐辽东出产的“北珠”，“倾府库以市无用之物”，直至殃及国运。宋代商业繁华，经济文化相当繁荣，珠宝市场也很活跃。都城东京有专门的首饰店，珍珠的交易甚多。吴自牧在《梦粱录》里就记录了南宋都城临安有买卖珍珠的集市。在故宫博物院南熏殿旧藏的《历代帝后图》中有两幅北宋中期皇后的画像，她们佩戴的龙凤花钗冠上嵌满了珍珠（图 1–4）。图 1–4 中宋代皇后和仕女耳前都饰有珍珠，但在数量上有尊卑之分。其中，《宋神宗皇后像》中的头冠和项饰上的珍珠所造就的雍容华贵的装饰效果十分引人注目。在宋代典籍中常提到的头面大致是用珍珠和翡翠宝石串成来装饰头部的首饰。喜爱追崇时尚的宋代妇女，多佩戴有头髻、珠花、耳饰、簪子等镶嵌有珍珠的头面为美。这些首饰多由店铺销售，且在首饰上刻有店铺名号，首饰贸易繁荣。

图 1–4　宋神宗皇后像

具有契丹风格的陈国公主墓中出土的珍珠饰品形制奇特而美丽，是契丹族中少见的用珍珠作为装饰的首饰（图 1–5）。其中，琥珀珍珠头饰用细金丝连接琥珀饰件串起两串珍珠拧成弧状饰于额前，耳坠由四件琥珀饰件和大小珍珠镶嵌穿缀而成，风格独特而具有时代特色。

图 1–5　陈国公主墓中出土的琥珀珍珠头饰

元代进一步加强对合浦珍珠的控制，设立专业机构掠夺珍珠进贡朝廷。延佑四年（公元 1317 年）

在廉州设立合浦廉州采珠都提司，管理采珠。元代的采珠规模及技术总体保持前朝规模，元大都和杭州成为当时金玉珠宝生产贸易的两大中心。

大量珍珠被用于服饰中。元代贵族的帽饰——七宝重顶冠就饰有珍珠，带蓝宝石顶七宝重顶冠的元成宗皇帝像中的冠顶和耳饰上的珍珠引人注目（图 1-6）。《历代帝后像》中戴姑姑冠的元代皇后像以珍珠为主材质，奢华中不失婉约（图 1-7）。元代的镶宝石垂珠耳饰和宝石珍珠耳饰成为明清时期的主要耳饰样式。

图 1-6　元成宗皇帝像

图 1-7　戴姑姑冠的元代皇后像

明代是我国历史上采珠最盛的时期，有文献记载的明代大型的采珠活动达 20 多次。明洪武二十九年开始采珠，明永乐年间，又停采珠，但第二年又下诏采珠。成化年初，由内官太监监管珠池，初采时 14500 余两，得大者 56 颗，计 1 斤重，值白金 5000 两。明弘治十二年（公元 1499 年），明孝宗朱祐樘下诏征集雷州、琼州、廉州等官府船 800 艘，征集 8000 人，进行囊括式采捞珍珠，得老珠 28000 两，这是有文献记载我国古代采珠最高峰的一年。嘉靖年间大规模的采珠达 5 ～ 7 次。明代多次大规模的采珠以供朝廷皇室享用。明代定陵出土的 4 件凤冠：孝靖皇后的三龙二凤冠和十二龙九凤冠，孝端皇后的九龙九凤冠和六龙三凤冠，每顶凤冠上均有上千颗珍珠，珍珠合计最多 5449 颗，最少 3426 颗，充分表明明代利用珍珠的辉煌（图 1-8，图 1-9）。在南熏殿旧藏的《历代帝后像》中的多幅戴凤冠的明代皇后像，珍珠已经成为明代首饰用材的主要组成部分，衬托出皇家贵妇的女性气质。明代的皇室不仅将珍珠作为一种富贵的展示方式，也用珍珠衬托了佩戴者的尊严，达到尊长与祥和的统一。

图 1-8　明定陵出土凤冠

图 1-9　明定陵出土凤冠

廉州（合浦）和雷州（海康）是盛产珍珠的重要珠池，沿海的居民每年三月必采珠。因为在当时条件下采集珍珠是一件非常危险的事情，他们会虔诚地杀牲畜祭海神，并吃海味以避蛟龙。采珠者以长绳系腰，持篮入水，最深可潜至四五百尺。当时的珍珠与采珠人的生命相系，来之不易。在《天工开物》中就有详尽描述当时采集珍珠的生动画面的古代采珠图（图 1-10）。明朝廉州知府林兆珂在《采珠行》中记录道："哀哀呼天天不闻，十万壮丁半生死，死者常葬鱼腹间。"

图 1-10　《天工开物》中的古代采珠图

明代的贸易发达，珍珠的交易和开采繁荣。当时，廉州有珍珠首饰铺达十家之多，销售金

银、玉器镶嵌珍珠的饰物，珍珠饰品远销东南亚诸国。珍珠的海上交易也很兴盛，多与东南亚诸国贸易往来。郑和曾七下西洋，每到一地同各国商民交换货物，购回当地的珍珠、象牙、珊瑚和香料等特产，带回大量珍珠供皇室享用。

另外，明代珠民用铅、锡制成佛像，投入蚌中养成佛像珍珠，闻名中外。在明末清初，珍珠养殖技术比宋代更进一步，具有了较大的经济价值。

这个时期，珍珠的使用总体以“南珠”为主流，“北珠”也作为贡品起补充作用；南汉朝廷首次设立专门管理“南珠”的机构，官采为该期主要采撷形式，产量明显高于前期，计量单位在宋代由颗、粒改为斤、两，历史年产量最高达到 28000 两；宋代首创人工养殖珍珠的技术并运用于实践，明代进一步提高完善；珍珠广泛运用于首饰、服饰、珠帘、器物以及药用等领域，达到历史高峰。

（五）第二次平稳期

珍珠发展第二次平稳期自清至新中国成立。

在清朝，使用珍珠最多的是皇室贵族。帝后以及妃嫔们的服饰和许多喜寿大典的需要，内务府要经常置办珍珠，且清朝已从外国进口珍珠。清朝把产于黑龙江、鸭绿江、乌苏里江等东北地区的“北珠”称为东珠，东珠的采撷史到清朝达到鼎盛，但其产量有限，仅供皇家享有，任何人不得私留。东珠被皇室贵族视为带来光明的太阳和黑夜中指路的北斗星，是清朝最为珍贵的珠宝。清朝后宫帝后们的冠饰、

清朝冠

皇帝朝冠分为冬朝冠和夏朝冠两种。冬朝冠冠体为圆顶呈斜坡状，冠周围有一道上仰的檐边。用薰貂或黑狐毛皮制作，顶上加金累丝镂空金云龙嵌东珠宝顶，宝顶分为三层，底层为底座，有正龙 4 条，中间饰有东珠 4 颗；第二、三两层各有升龙 4 条，各饰东珠 4 颗；每层间各贯东珠一颗；共饰东珠 15 颗。顶部再嵌大东珠一颗。夏朝冠（图 1–11）冠形作圆锥状，下檐外敞呈双层喇叭状。用玉草或藤丝、竹丝作成，外面裱以罗，以红纱或红织金为里，在两层喇叭口上镶织金边饰；内层安帽圈，圈上缀带。冠前缀镂空金佛（图 1–12），金佛周围饰东珠 15 颗，冠后缀云龙舍林（图 1–14），饰东珠 7 颗。冠顶再加镂空云龙嵌大东珠金宝顶（图 1–13），宝顶形式与冬朝冠相同。

图 1–11　清　皇帝夏朝冠

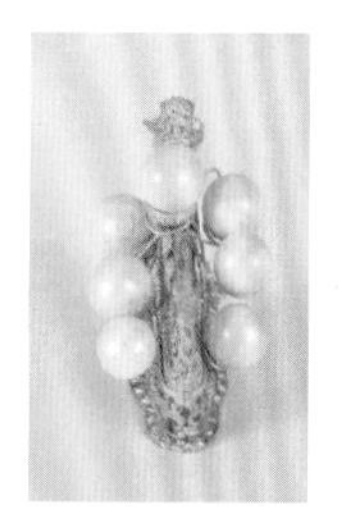

图 1–12　清　金累丝嵌东珠镂空云龙金佛正面

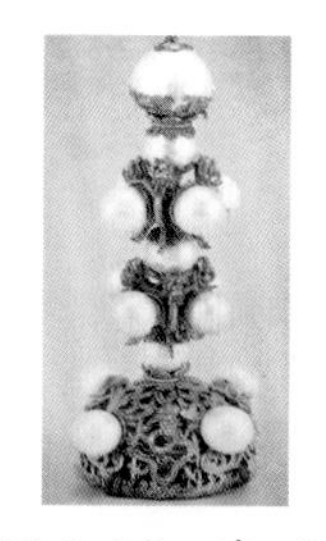

图 1–13　清　乾隆珍珠冠顶

图 1–14　清　金雷丝嵌东珠镂空云龙舍林正面

耳饰、朝珠都以东珠来装饰，东珠成为清朝宫中必不可少的首饰材质。

帝王用珍珠装饰冠冕衮服，制作首饰，装饰车乘等，视为尊贵和地位的象征。历代皇帝祭祀大典佩戴的冕前后垂饰含 12 条珠串的冕旒，在许多朝代，冕旒规定只能用珍珠。清朝皇帝的冠顶极为奢华，“嵌东珠皇帝朝冠顶”、“嵌宝石金冠顶”等皇冠华美至极，精美程度超越了历代皇冠。清朝后妃的朝冠也因地位高低饰有不同数量的珍珠。皇后至贵妃的朝冠，东珠顶为三层，金凤七只；妃嫔东珠顶两层，金凤五只。凤冠的金凤顶部各饰有一颗珍珠，冠后饰有的长尾山雉垂不等行数的珍珠（图 1-15，图 1-16）。王公冠顶的饰物上的珍珠按大小、数量分成等级，例如，帽顶镶嵌天然野生淡水珍珠（东珠），官衔愈高，珍珠数量愈多，《大清会典》规定：亲王朝冠饰东珠 9 颗，郡王朝冠饰东珠 8 颗，贝勒朝冠饰东珠 7 颗，贝子朝冠饰东珠 6 颗，镇国公朝冠饰东珠 5 颗，辅国公朝冠饰东珠 4 颗，候朝冠饰东珠 3 颗，伯朝冠饰东珠 2 颗，子朝冠饰东珠 1 颗，其余均不可使用东珠。清代后妃的其他服饰也多以珍珠装饰，珍珠成为清代首饰的主题材质。珍珠或独立装饰，或排列成“寿”、“喜”等吉祥文字饰于表面。另外，清代官服中的朝珠也以珍珠朝珠为贵，如皇帝在大典时要戴东珠朝珠（图 1-17）。为满足供应，皇室特设“珠轩”对北珠（东珠）捕采进行管理，“珠轩”在产地设“珠子柜”，“珠子柜”隶属当地最高行政长官，业务上直接受命于“珠轩”。清朝还曾在吉林的乌拉设立衙门，置官员专司捕珠业。每年的 4 月到 9 月，总管便派人沿松花江流域捕蚌，常百蚌而无一珠，足见采珠之难，珍珠之珍贵。所采之珠在官员的监督下密封包装，由总管和驻军首领共同挑选，颗粒大的进贡朝廷，颗粒小的弃之江河，个人不得私自保留。朝廷根据珍珠的大小给予奖励。由于大量捕采，清末民初，北珠（东珠）最终灭绝。

图 1-15　清 皇贵妃夏朝冠

图 1-16　清 皇贵妃冬朝冠

清代的珍珠的贸易兴盛，廉州的珍珠首饰店铺增加至 20 多家。嘉庆年间，清朝政府在合浦建成白龙村珍珠城，专门加工合浦珍珠，以供朝廷。由于

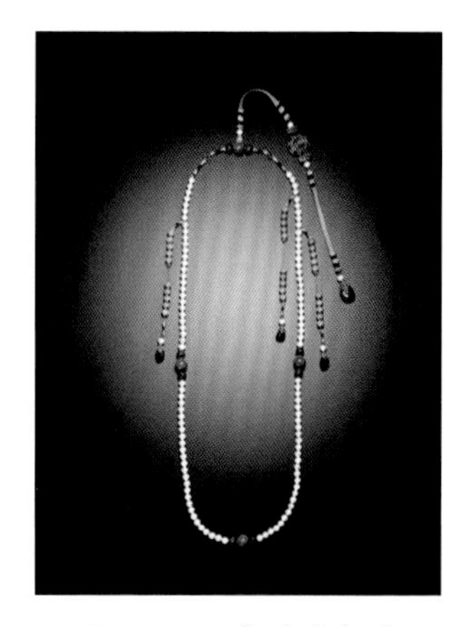

图 1-17　清 东珠朝珠

宋元明三代的过渡捕捞，严重破坏了合浦地区珍珠贝资源，康熙、乾隆两帝多次诏令采珠进献朝廷，虽采捕技术改为珍珠船和珍珠桁网，但北部湾已无珠可采，南珠资源在清代后期枯竭。自乾隆以后，清代再未在合浦设官采珠。

民国时期，由于珍珠出产率降低，合浦珍珠业衰弱，合浦的珍珠店铺大都转向金银首饰加工。合浦南珠自清末到新中国成立初期，生产日渐萧条，北部湾几乎停止珍珠捕捞。新中国成立初期，每年秋后采珠季节，沿海只有几艘珠船采捕珍珠，每日共采珍珠约 4 ～ 5 市两。

在这段时期内，南珠资源相对匮乏，日渐萧条，但养殖技术进一步完善；天然淡水珍珠——北珠（东珠）发展达到鼎盛，北珠（东珠）采捕设专门机构管理，严禁私采，珍珠大小和数量成为官员等级标志，任何人不得私自留存。清代将珍珠广泛用于生活的各个领域。清代帝王把珍珠做成珠帘、珠帐、珠灯、珠柱，或者珍珠首饰或者服饰，供自己把玩享用或赐予臣下。生前喜好珍珠，死后也要以珍珠做陪葬品，慈禧时代成为珍珠使用的顶峰时代。

中国一直是珍珠的生产和进口的大国，但是从清朝败落开始，珍珠从中国流向世界。《清稗类钞·农商类》记载：“珍珠向无出口，宣统庚戌（1910 年）始有三千一百五十两之价值见于海关贸易册。辛亥（1911 年）增至六万六千九百二十两。”“西人之来我国设肆于沪而收买者，……如罗森泰等商标广

昙花一现的北珠

北珠曾经身披耀眼的光环闪耀于珍珠世界，但是，它曾经的辉煌和鼎盛，都随着历史而湮没，只留下博物馆中孑然孤独的身影和令人扼腕的传奇故事。

《圣经》中曾经提到从上帝的伊甸园中流出的比逊河多珍珠和玛瑙。而在中国却现实存在一条珍珠河，即历史上的中国东北的牡丹江。清代叶名沣曾记载：“源出天池，整荒万里，人迹罕至，是水皆有蚌，是蚌皆有珠。”

除了牡丹江，历史上东北三省的淡水皆产珍珠，因在长城之外的塞北，产于此地的珍珠被称为“北珠”，又因位于山海关以东，又称为东珠。

北珠的采撷史可追溯至后汉时期，到清朝达到鼎盛。清皇室还在此地设置了珠轩专门管理珍珠采集。由于清朝的大规模的疯狂采集，到了清末，北珠就消失了，珍珠河的美名也被人遗忘了，只留下了北珠的耀眼光辉在历史的洪流中。

告触目皆是。以收买出口，获利不只蓰倍也。”中国1910年开始从珍珠进口国变为出口国，且当时出口的都是皇室的珍珠旧饰。如果追溯这些珍珠的流传，将会是一部怎样的史书呢？

（六）第三次兴盛期

珍珠发展第三次兴盛期自新中国成立至今，尤以20世纪90年代至今为高峰。

该时期，由于政策的扶持和养殖技术的成熟推广，我国淡水养殖珍珠获得长足发展，确定三角帆蚌与褶纹冠蚌为育珠的最佳蚌种，建立“三小”嫁接技术体系，形成了浙江诸暨、苏州渭塘等珍珠加工、批零集散地和湖南、江苏、浙江、安徽、湖北、江西等6大淡水珍珠养殖基地。目前，我国淡水珍珠年出口总量已跃居世界首位，其产量占全世界淡水珍珠产量的99%。在养殖技术方面也不断取得突破，目前已成功培育出大颗粒正圆淡水有核养殖珍珠，为珍珠养殖技术作出了可喜的突破。

海水养殖方面，“南珠”已逐渐恢复。1957年，周恩来总理指示，“要把几千年落后的捕珠改为人工养殖。”1958年年底，在广西合浦珍珠养殖试验场培育出我国第一颗海水养殖珍珠。1962年，广东海洋大学熊大仁教授运用马氏珠母贝成功实现人工育珠，并撰写我国人工育珠首篇科技论著——《河蚌无核珍珠形成的初步研究》；目前，我国已经形成广东湛江、广西北海及海南等海水养殖基地。

目前，我国珍珠产业已形成集养殖、科研、加工、设计、销售等完整的产业链，珍

珠的发展达到了新的历史高度。

自新中国成立至今，我国的养殖珍珠成为市场主流，彻底改变捕采天然珍珠的历史；随着珍珠养殖技术不断取得突破，中国成为全球最重要的珍珠产地；对珍珠的研究日益深入，各方面标准不断完善；珍珠应用领域不断拓展，开发出珍珠首饰、工艺品、保健品等多元化产品。

二、世界珍珠发展历史

从世界范围来看，珍珠的采撷和使用的历史至少有数千年之久了。据史料记载所得，印度洋上的马尔代夫海域、印度南部沿海、斯里兰卡西部的马纳尔湾和孟加拉湾、埃及附近的红海、波斯湾都曾经是历史上世界闻名的天然珍珠的产地和采撷地。印度人早在4000 年之前就已知道珍珠的华贵，印度南部的印度洋浅海水域是当时优质珍珠的原产地。据考古发现，公元前 2000 年的波斯湾地带已经有使用珍珠的遗迹；在公元前 330 年左右，古埃及人和古希腊人已经使用珍珠作为装饰；亚历山大在打败波斯后，从印度带回大量珍珠。

在西方典籍中，有关珍珠使用的史料也是汗牛充栋，蔚为壮观。基督教中《启示录》的第 21 章称圣城耶路撒冷“十二个门是十二颗珍珠，每门是一颗珍珠”，并描述了用珍珠装饰的宗教圣地和圣像。《圣经》中的“创世纪”篇记载着“从伊甸园里流出的比逊河里，到处都是珍珠和玛瑙”。古印度的《法华经》和《阿弥陀经》记载着珍珠是“佛家七宝”之一，在同时期的印度的佛学经典和文化典籍上，珍珠的记载比比皆是，把珍珠视为珍宝。

从第一颗珍珠被发现进入人类的历史，珍珠以美丽的外表、迷人的光泽，高贵典雅的气质，以及传说中的神奇的功效，引得人们竞相追捧。拥有珍珠成为人们的渴望，佩戴一颗高品质的珍珠更成为一种等级和身份的象征。珍珠成为了财富、身份和地位的代名词。

在王权时代，珍珠行使了为王权增辉的功能。在埃及人的世界里，珍珠备受青睐。古埃及时期，贵族阶层中流行使用珍珠装饰，连埃及女王都以拥有珍珠为莫大荣耀。传说中著名的克楼巴特拉的耳环上镶有两颗稀世珍珠，两颗珍珠的价值在当时可以养活埃及人民一年，可见珍珠在当时受到多么大的追捧。

有史可考的最古老的珍珠饰品出现在四千三百多年前的古波斯。波斯湾出产的珍珠让世界的人们趋之若鹜（图 1-18，图 1-19）。亚历山大大帝远征至波斯边境，带回了珍珠。珍珠也是波

图 1-18　波斯湾和阿拉伯湾

（据中国地图出版社，世界地图集，2011）

图 1-19　阿拉伯珍珠历史

（据 Nicholas Paspaley AC）

斯王室贵族的最爱。亚述帝国和波斯帝国的国王们不仅用它来装饰衣服，甚至在修剪精细的胡须上也编制粒粒珍珠作为装饰。传说中，7 世纪的波斯王库思老二世（Khosrau II）拥有一个纯金打造的王冠，上面镶嵌着麻雀蛋大小的珍珠和其他珍贵宝石。

印度人使用珍珠的历史也较久远，在印度的佛教世界和世俗世界中，珍珠是备受推崇的珠宝。珍珠被广泛用于宗教庙宇的装饰和贵族阶级的享用（图 1-20）。据说，西班牙一位冒险家在东游印度归来之后，感慨地写道："每一间茅舍里都能发现宝石，庙宇则是用珍珠装饰起来的"，"珍珠之多，即使有九百个人和三百匹马，也无法将它们全部拿走。"在今天，虽然古印度珍珠已大多难以寻觅，但我们仍能从一些遗留痕迹中找出它们的昔日荣耀来。在印度的巴罗达市，至今仍珍藏着一条珍珠饰带，上面镶缀着 100 排珍珠，有 7 条珍珠串，可以说价值连城。

图 1-20　身着珍珠盛装的印度贵妇

早在公元前 4 世纪，受到经济贸易和经济发展的刺激，在另一个世界文明古国古希腊，珍珠的价值也被人们所瞩目。古罗马取代了古希腊的地中海霸主地位之后，因为珍珠的稀少，只允许在官方的正式场合佩戴。在公元 1 世纪时，罗马人入侵小亚细亚，带回大量的珠宝，珍珠开始在王室之外流行起来，珍珠被大量镶嵌于肖像画、首饰、贝壳浮雕、硬币等上层阶级的消费中，至此，珍珠开始普遍用于生活和宗教的各个方面。科学家、作家老普林尼（23 ~ 79 年）曾经描述过一位参加普通订婚仪式的夫人用珍珠和祖母绿把自己从头到脚装饰起来。他的代表作《自然史》中，记述了古罗马贵族“投江海不测之深，以捞珍珠”；“仅珍珠一项，每年就要耗费罗马帝国一亿银币，支付给印度、中国和阿拉伯诸国”，耗巨资仅为得到来自东方的优质珍珠。这位治学严谨的科学家的记叙反映了当时珍珠的使用概况。在现代的考古中，大量出土的文物也证明了这个时期珍珠的普遍使用状况。珍珠此时开始被镶嵌在贵重的黄金上，制作成女性的头饰、项链、手饰等。由于珍珠的优良品质，佩戴珍珠是当时古罗马人权贵身份的象征，佩戴珍珠的数量、大小和质地就展示了贵族身份的高低。因此，古罗马人借用各种途径从波斯湾地区购回珍珠。除了身份和地位的象征功能外，古罗马人还认为珍珠能够带来健康和富贵，有些罗马贵妇每时每刻带着珍珠，以求珍珠带来好运。

在公元前，珍珠享受着至高无上的地位，那是珍珠最光辉的岁月。在公元之后，尤其是 15 世纪之后，珍珠迎来了它的辉煌的西欧时代。欧洲的珍珠多来自于欧洲大陆之外，因此珍珠在欧洲更加稀有、珍贵。十字军从东方带回的珍珠掀起了欧洲的珍珠热潮。在随后的几个世纪里，珍珠成为贵族和武士的个人饰物，并逐渐成为欧洲皇室专享的宝物。珍珠与其他贵宝石享受一样的等级和地位，成为欧洲贵族男女炫耀财富与地位的标识。这个欧洲史上人们为珍珠狂热的时代被记载为“珍珠时代”（图 1-21）。1530 年以后，受珍珠狂热化的影响，欧洲王室开始为珍珠立法，规定人们必须按照社会地位和身份登记佩戴珍珠。在中世纪的法国，珍珠的佩戴资格被阶级化，佩戴和使用珍珠成为皇室和贵族的专利。在平民中，即使有财力购买也无权佩戴。在英国的伊丽莎白女王时期，用珍珠作为装饰的风尚达到前所未有的顶峰状态。伊丽莎白女王的衣着和头饰常用珍珠来装饰，她拥有超过 3000 件绣着珍珠的衣裳。

图 1-21　珍珠时代

在著名的 1588 年《舰队肖像》上，她的头发上装饰着 24 颗鸽子蛋大小的梨形珍珠，胸前挂着至少六圈垂坠到腰部以下的珍珠项链，蓬松的袖子上缝制了数十颗大粒珍珠，王冠上镶嵌有四种近百颗形状尺寸不一的珍珠。女王矗立于珍珠的包围中，极尽奢华。当时的皇室成员和贵妇上行下效，莫不用珍珠装饰自己，彰显身份和地位，同时期的珍珠项饰、耳环和胸针风靡一时，以至于珍珠的价格暴涨。英国王室还曾立法限制庶民百姓佩戴珍珠，1612 年，英王室立法说：除王室外，一般贵族、专家、学者、博士及其夫人不得穿着镶有金银、珍珠的服饰，亦不得将其使用在其他装饰之中。珍珠成为皇室的专用品。可见，珍珠多么受欧洲王室的喜爱。

历史发展到今天，珍珠更是愈发受到人们的喜爱和珍惜。作为高贵、典雅和温婉的象征，珍珠被社会各阶层抬爱。从皇室到时尚名人，众多杰出女性都钟爱佩戴各种珍珠首饰，她们以优雅的形象书写着珍珠的流行时尚，甚至于现在白宫女性职员约定俗成的办公室装束中必定包含珍珠项链的点缀，简洁优雅，而具有女性魅力。

17 世纪后，珍珠仿品开始出现。在荷兰画家维米尔现存的 35 幅作品中，至少有 8 幅描绘了佩戴珍珠耳环的女性，最著名的《戴珍珠耳环的少女》（图 1-22）中的珍珠甚至大于伊丽莎白女王身上最大颗的珍珠。如此朴素着装的少女的家境是承载不起这么昂贵的珍珠的，除非它是赝品。早在古罗马时期的工匠就在小球外部包裹银粉或者玻璃以模仿天然珍珠的光泽和质感。达·芬奇使用柠檬汁溶解小粒珍珠晾干成珍珠粉，然后混入鸡蛋清，制作成圆润的大珍珠。威尼斯人用液态水银填充玻璃珠模仿珍珠。法国人用鲱鱼和沙丁鱼的鳞片掺和树脂制作出惟妙惟肖的人造珍珠。这些狂热的珍珠人造史正反映了人们对珍珠的喜爱，珍珠成为女性追捧的珠宝之一。

图 1-22　戴珍珠耳环的少女

伴随着世界范围的热爱，珍珠被人们过度开采，天然珍珠已近枯竭，珍珠市场也日益萧条。19 世纪晚期，日本的“珍珠之父”御木本幸吉成功培育出宝石级的养殖珍珠，改写了天然珍珠几近消亡的历史。

养殖珍珠逐渐被人们接受，并续写了珍珠多姿多彩的现代史。

第二节　现代珍珠产业

从 18 世纪中期开始，由于人们的过度开采及人类对水体的污染使全球范围内的珍珠资源濒于枯竭，尤其是淡水珍珠已非常罕见，甚至使一部分产珠的淡水贝类绝种。但幸运的是，经各国科学家的不断研究和探索，终于发现了珍珠生长的机理，并研究出能批量化培育优质珍珠的方法。古老的珍珠在现代科技辉映下，焕发出新的光彩。养殖珍珠开始走上历史舞台并迅速成为珍珠市场主流。可以说，现代珍珠产业就是养殖珍珠产业。

一、淡水养殖珍珠

世界上淡水珍珠的主要产区在中国长江中下游和淮河流域的河流和湖泊，日本、美国、越南等国家有少量的淡水珍珠的生产。中

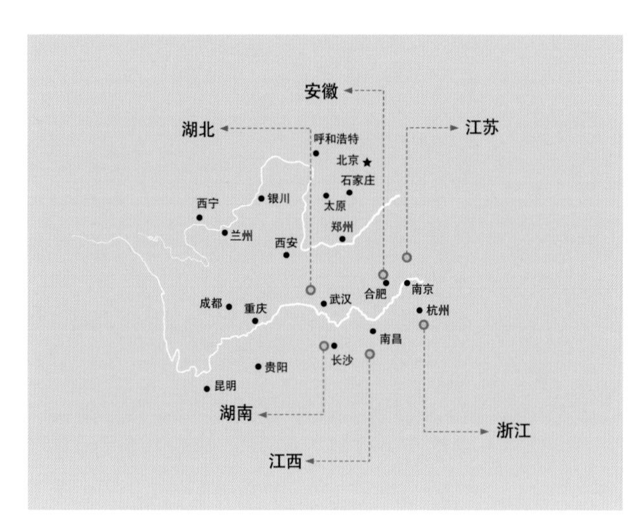

图 1–23　中国淡水珍珠主要产区分布

国淡水珍珠养殖主要分布在长江中下游两岸的浙江、江苏、安徽、湖北、湖南、江西等地（图 1–23）。

2012 年，中国淡水珍珠产量近 1000t，占全世界淡水珍珠总量的 99%。其中珠宝级别珍珠约占 5% 左右。

对比 2003 年、2012 年我国淡水珍珠养殖状况，我们发现，近 10 年间中国淡水珍珠养殖水域减少 28%，产量减少 24.16%（表 1–1）。养殖面积的减少，一方面是受 2008 年全球经济危机影响，珍珠出口受阻，原料价格下跌，很多珠农退出珍珠养殖行业；另一方面，2007 年以来，湖北、安徽、浙江等省份陆续颁布了珍珠禁养、限养政策，很多污染严重、技术含量低的区域、企业被迫退出珍珠养殖领域。中国淡水珍珠养殖逐渐向规模化、科技化、集约化、生态环保型方向发展，“绿色生态养殖”、“混合立体养殖”成为珍珠养殖新方向。珍珠养殖在注重生态环保的同时，更加注重提高珍珠整体质量及单位产量，中国珍珠养殖产业迎来了由“量”到“质”的可喜转变。

表 1–1　2003 年、2012 年我国淡水珍珠养殖状况对比分析

	省　区	面积/万亩 2003/2012	产量/t 2003/2012	从业人员/万人 2003/2012
淡水珍珠	湖南	23/20	380/350	30/15
	江苏	16/5	250/80	
	浙江	12/10	190/150	
	安徽	12/10	170/150	
	湖北	9/5	110/80	
	江西	9/8	100/100	
	合计	81/58	1200/910	

一直以来，珍珠出口在珍珠贸易中占很大比重。从表 1-2、图 1-24 可以看出，从 2000 年以来，中国淡水珍珠出口都保持在 500t 以上，特别是 2004 年，达到历史的峰值，出口 1103t。受珍珠产量和国际市场需求影响，珍珠出口价格也出一度出现很大的波动，但从整体来说，中国淡水珍珠价格保持了平稳上升的态势（图 1-24）。特别在 2008 年以来全球经济不景气的情况下，珍珠出口价格和总量保持了基本平稳，说明珍珠行业抗风险能力也在不断提升。

表 1-2　2000 ～ 2012 年各类珍珠及珍珠制品出口量值总表

年　份	出口总量/g	出口总额/美元	平均单价/（美元/g）
2000	639 767 533	41 360 382	0.0646
2001	628 714 845	35 802 525	0.0569
2002	666 298 864	61 383 990	0.0921
2003	771 014 624	87 198 461	0.1131
2004	1 103 712 413	151 581 384	0.1373
2005	532 671 175	532 671 175	0.2750
2006	572 144 414	143 969 571	0.2516
2007	787 747 000	208 363 807	0.2645
2008	563 025 000	212 376 067	0. 3772
2009	667 974 000	219 931 911	0.3293
2010	738 570 000	257 602 251	0.3488
2011	687 820 000	293 321 416	0.4265
2012（至 9 月份）	554 654 000	221 038 627	0.3985

资料来源：国家海关统计数据

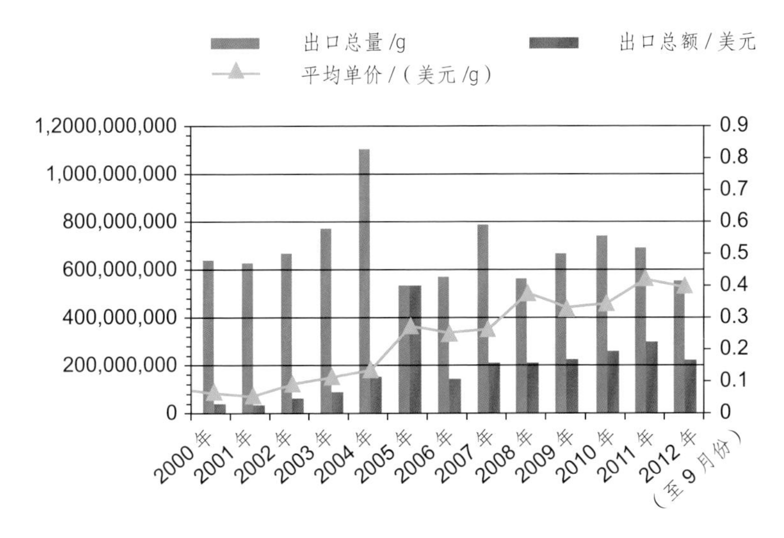

图 1-24　2000 ~ 2012 年各类珍珠及珍珠制品出口量总量、出口总额及单价曲线图

中国淡水珍珠产业经过 40 多年几代人的努力，已经逐渐发展壮大，特别在经历过 1994 年、1997 年、2000 年、2008 年行业低谷之后，珍珠人开始冷静的思考珍珠产业的明天。2008 年爆发的全球经济危机，给世界经济造成重创，唯有中国依然保持了经济平稳较快发展。在国内巨大的消费市场引力下，珍珠企业开始回归，纷纷启动国内市场的拓展(图 1-25)。同时，适逢中央扩内需促增长、

图 1-25　浙江诸暨淡水珍珠养殖场

经济结构转型升级等宏观政策出台，又为珍珠产业市场的转型提供了良好的契机。据统计，2008 年以来中国珍珠内销市场以每年高于 20% 的速度在快速增长。

二、海水养殖珍珠

图 1-26　御木本幸吉的珍珠皇冠

世界海水养殖珍珠主要产于中国、日本、澳大利亚、印度尼西亚、菲律宾和法属波利尼西亚，其次在缅甸、泰国以及南美洲的一些国家也有少量生产。

1893 年日本珍珠之父——御木本幸吉多年潜心研究培育出第一颗正圆珠宝级别珍珠，从此，世界珍珠养殖产业蓬勃发展起来。日本也凭借其先进的养殖、加工技术，一度成为世界珍珠产业的霸主（图 1-26）。但是，20 世纪 90 年代，世界海水珍珠市场格局出现了变化， Akoya 珍珠（日本海水养殖珍珠）昔日的垄断性地位已被打破，黑珍珠、南洋珠逐渐成为市场的两大主力。

1. Akoya 珍珠

Akoya 珍珠属于海水有核养殖珍珠，珠母贝是马氏贝，亦称“合浦珠母贝”，也是中国传统南珠的母贝，所产珍珠形状规则浑圆，主要呈现白色或奶油色，具有黄色、粉红色或绿色的珠光，光泽亮丽，具有柔丽细致的美感。产地主要集中在日本三重、雄本、爱媛县一带的濑户内海，加工集散地是日本的神户。

Akoya 珍珠曾经在全球海水珍珠中具有很高声誉，以质量上乘、标准严格、技术先进领跑世界珍珠市场。但这些年来，由于自然条件制约、养殖成本不断增加、激烈的市场竞争及市场疲软的影响，Akoya 珍珠一直在走下坡路（表 1–3）。

表 1–3　1952 ~ 2012 年 Akoya 珍珠产量统计

年　份	产量/t	年　份	产量/t
1952	10	1991 ~ 1995（每年）	60
1957	30	1997	30
1958	50	2000 ~ 2007（每年）	25
1963	130	2008 ~ 2009（每年）	15
1966	230	2010 ~ 2011（每年）	10
1972 ~ 1990（每年）	70	2012	8（估计）

由表 1–3 可以看出，在过去 60 年中，Akoya 珍珠产量出现了急剧的下滑，2011 年产量只有 10t，与 1963 年最高峰 130t 相比，产量下跌了 92.3%。

虽然日本珍珠产量骤降，但是日本珍珠加工技术并没有停滞不前。在珍珠技术开发、研究等方面，仍然走在世界前列（图 1–27）。现在，日本一方面通过输出技术，到其他国家指导养殖，另一方面，大量进口珍珠，经加工升级后

图 1–27　御木本幸吉焚毁劣质珍珠
（由 Noriyuki Morita 提供）

和本土珍珠一同出口外销，以此来继续保持日本珍珠在全球范围的影响力。

2. 中国南珠

我国南珠主要分布于广东、广西、海南三省（区）的北部湾地区，东起雷州半岛，西至与越南交界的海域，南到海南岛附近的水域，包括东莞、惠州海域生产的海水珍珠都叫中国南珠（表 1-4）。

表 1-4　中国南珠产量产值统计

年　份	产量/t	产值/万美元
1993	27.5	1800
2006	29	2500
2007	15	1200
2008	10	948
2009	7	720
2011	12	1330
2012	8	约 1000

南珠家族的范围

中国海水珍珠，又称南珠，是以马氏珠母贝产出的珍珠。

南珠的历史源远流长，早在公元前100多年的汉代，北部湾一带就盛产珍珠，包括濒临北部湾的徐闻县和合浦县，史称合浦珍珠。康熙中期《广东新语》中记载了：

广西海水珍珠养殖水面约 5 万亩，主要集中在北海市和防城港市。广西北海是南珠的故乡，珍珠文化底蕴深厚，养殖水面约 3 万亩，养殖场近千家。北海珍珠细腻凝重、光润晶莹、圆滑多彩，是南珠重要的代表。北海作为海水珍珠及珍珠系列产品主要集散地，已经成为北海旅游文化的重要组成部分。两年一次的珍珠节以及北海中国珍珠城的建立，使其在国内外具有较高的知名度。但是北海珍珠深加工能力明显不足，所产珍珠 80% 被运往外地加工、出口。

广东海水珍珠养殖水面约 5 万亩，主要集中于雷州半岛地区的雷州市和徐闻县。海南的海水珍珠养殖主要分布在三亚、陵水（图 1-28），现养殖水面近 2000 亩，年产珍珠约 0.5t。借助得天独厚的旅游资源，海南三亚珍珠市场发展良好。

我国海水珍珠适养水面辽阔，部分珠农还扩展到较深海域进行吊养。在南珠的主要养殖区内，养殖农户集中养殖南珠，习得了丰富的养殖经验。但是，中国南珠的发展时间较短，产业化程度低，限制了南珠的发展速度；科技投入不足，产业链不健全，行业管理不完善等也影响了南珠的市场发展前景。

“南珠自雷、廉至交址，千里间六池。”

南珠家族是指产于东起广东湛江雷州半岛，西至方城县与越南边界，南至海南岛北部的广大水域中的海水珍珠，还包括东莞、惠州珠池所产的海水珍珠。广东湛江雷州是南珠的主要产地，采集珍珠历史悠久；雷州流沙村已通过国家质检总局认证为南珠原产地，并享有“中国海水珍珠第一村”的美誉。

图 1-28　海南陵水海水珍珠养殖场

3. 黑珍珠

世界上的黑珍珠主要产于法属波利尼西亚地区，库克群岛、斐济、马绍尔群岛、印度尼西亚、菲律宾，以及中国的台湾地区也都有部分产出。养殖母贝为黑蝶贝。塔希提黑珍珠占全球黑珍珠总产量的 93% ~ 95%（表 1-5）；斐济黑珍珠虽然产量低，但质量上乘，也深得消费者喜爱。

表 1-5　塔希提黑珍珠产量产值统计

年　份	产量/t	产值/万美元
1972（第一次出口记录）	0.0015	0.3663
1983	0.139	50
1992	1	4350
1996	5.1	15,240
1999	6.3	14,100
2003 ~ 2012（每年）	10 ~ 15	13,000

由表 1-5 可以看到，2003 ~ 2012 年塔希提黑珍珠每年的产量在 10 ~ 15t 左右。与 1996 年相比，产量提高了 2 ~ 3 倍，但产值却下降了 34.38%。塔希提黑珍珠目前的处境是“量增值跌”，造成的原因有以下几点：

（1）政府管理不善。政府在养殖许可证发放上管理松懈，盲目的政策和资金的支持，造成养殖场的泛滥，产能过剩，价格迅速下滑。

（2）过高的出口关税。每克 5 美元的出口关税，相对于珍珠价格而言过高，导致走私泛滥，价格失控。2008 年 10 月，废除了出口关税，也是直接导致产值下降的重要原因。

图 1-29　黑珍珠分选
（由 Robert Wan 提供）

（3）塔希提珍珠国际推广机构的解体。从 2003 ~ 2008 年，每年 600 万 ~ 900 万美元的资金用于塔希提黑珍珠在全球的推广，但是废除关税，从根本上动摇了政府支持塔希提珍珠国际推广机构的资金支持，随着塔希提珍珠国际推广机构的解体，塔希提黑珍珠在全球范围内的宣传推广大打折扣。

（4）市场经济杠杆作用。黑珍珠前些年在市场上风靡，供不应求导致价格节节攀升，刺激了珍珠的养殖；珍珠养殖规模的扩大，导致黑珍珠的供应增加，供需关系发生变化，所以价格的下跌也是市场的必然。

黑珍珠

黑色珍珠简称黑珍珠，实际上是指灰—黑色系列的珍珠，而纯黑色并不多见，优质黑珍珠的体色，以孔雀绿和钢灰色为主（图 1-29）。

黑珍珠是 20 世纪 70 年代后才流行起来的，以前人们获得的只有十分罕见的天然黑珍珠，因产量极少而未成气候。上世纪中叶，日本养珠专家在澳大利亚成功开发了黑蝶贝的养珠技术，养殖出绿色到黑色的珍珠，实现了商业性生产。然而，黑蝶贝产出的珍珠并不都是黑珍珠，达到宝石级的黑珍珠则更少。目前黑珍珠只有两个主要的产地：一个是波利尼西亚群岛的塔希提岛，产出全球 95% 的黑珍珠；另一个是库克群岛的彭林岛和马居希基岛，占总产量的 4%。这两个地区同处于太平洋中南部，故又把黑珍珠称为黑色南洋珠。大多数黑珍珠粒径集中于 9 ~ 10mm 之间，15mm 以上的精圆形黑珍珠极为稀有。黑珍珠天然颜色的形成，可能是由于黑蝶贝在海水中生活时，吸附了海水中的锰离子，并在珍珠形成过程中，形成黑色的锰氧化物参与珍珠的结晶所致。

4. 南洋珠

南洋珠主要产于澳大利亚、印度尼西亚、菲律宾和缅甸；马来西亚的沙巴和新几内亚也有部分产出。养殖母贝为白蝶贝和金蝶贝，南洋珠直径可达 10 ～ 18mm，最大可达 20mm。南洋珠主要分为金珠和白珠两类，金珠多介于黄、白两色之间的香槟色，少量金黄色，弥足珍贵。南洋白珠产于澳大利亚西北部海岸的小部分区域。该海域水质纯净，水温适宜，海湾开放，十分利于白蝶贝的生长，有较多高质量的南洋珠产出（图 1–31）。

图 1–31　澳大利亚珍珠养殖
（由 Nicholas Paspaley AC 提供）

澳大利亚是世界上最大的白色南洋珠的生产国，政府对白色南洋珠的养殖场地、野生贝的采集、工作人员的技术要求都有着严格的规定。现在，高品质的珍珠主要产自澳大利亚西部地区（布鲁姆中心），北方地区（Coburg 半岛周围、达尔文港和 Bynoe 海港）。澳大利亚养殖有核珍珠的母贝为金唇贝或银唇贝，所孕

育的珍珠直径大多超过 10mm，其平均直径为 12 ～ 14mm，特级的可达到 20mm。一颗直径 15mm 的澳大利亚白色南洋珠的珠层厚度可达 4mm，并具有特殊的光泽。自 1987 年开始，澳大利亚白色南洋珠以每年 8% 的速度增长， 1995 年，白色南洋珠产量达到 1200kg，占世界总产量的 59%， 1999 年，珍珠产量增长到 1687kg，占世界白色南洋珠总产量的 63%。

TEZHENG HE FENLEI

第二章

珍珠的宝石学特征和分类

第二章 珍珠的宝石学特征和分类

第一节　珍珠的宝石学特征

从宝石学的观点来看，具有美丽的光泽、颜色、晕彩，且质地细腻的珍珠是非常合适的宝石材料（图 2–1）。珍珠的宝石学特征主要从以下几个方面加以研究。

图 2–1　珍珠

一、珍珠的基本性质

1. 大小

珍珠的大小指单粒珍珠的尺寸。正圆、圆、近圆最小直径来表示，其他形状的养殖珍珠以最大直径和最小直径来表示。通常用毫米（mm）为单位。国际上把珍珠按大小划分为四个等级：直径大于 8mm 为大珠，直径在 6 ~ 8mm 为中珠，直径在 5 ~ 6mm 为小珠，直径在 5mm 以下属于细厘珠。每一个等级的直径大小至多相差 2mm。为了方便起见，把超过 1cm 的大珠统称为大型珍珠。珍珠大小对珍珠的价值和价格都有重大影响，同等条件下，珍珠直径越大越珍贵。古人云“七珍八宝”就意味着大珠的珍贵与稀少。

2. 形状

珍珠的形状指珍珠的外部形态。珍珠的形状多种多样，大体可以分为规则与不规则形两类（图 2-2）。规则形珍珠包括圆形、半圆形、椭圆形、水滴形、梨形等；不规则珍珠就比较多了，除了可以归为上述几种规则珠之外，统称为不规则珠、异形珠。

图 2-2　各种形状的珍珠

3. 硬度

珍珠的硬度主要是由构成珍珠的矿物质种类决定的。在珍珠中，霰石微小的结晶分别与壳角蛋白密切结合，使得珍珠表现出的硬度比无机界的碳酸钙结晶还要高。方解石的硬度为 3，而构成珍珠的霰石硬度为 3.5 至 4，而珍珠的硬度一般在 3.5 至 4.5 之间。珍珠层越厚，质量越好，硬度越高。

4. 弹性

珍珠的弹性主要受其组成矿物文石和方解石的弹性影响。另外，其弹性与珍珠层的厚度、形状有关。珍珠层越厚、质量越好的珍珠，弹性越大。

5. 韧性

珍珠具有很强的韧性。无核珍珠的韧性大于有核珍珠。质量越好的珍珠韧性越大，漂白珠的韧性较差。

珍珠的抗压强度一般在 6.0 ~ 7.0MPa 以上。珍珠的质量越好，抗压强度就越大。养殖珍珠的抗压强度大于其他类型的珍珠。

二、珍珠的化学特征

1. 珍珠的晶系

珍珠中的碳酸钙主要以斜方晶系的文石出现，少数以三方晶系的方解石出现。

2. 珍珠的化学成分

珍珠的化学组分包括有机成分和无机成分两大类。无机成分以霰石型碳酸钙晶体（文石和方解石）为主，加少量碳酸镁（菱镁矿），占91% 左右。还有铁、磷、铜、钴、银、锌、镁、钼、镍和钠等多种微量元素。含水量在 0.6% ~ 0.8%。有机成分以壳角蛋白为主，占珍珠总量的 5% 以下。此外还含有少量糖类，卟啉化物。有文献报道珍珠中尚含有鸟氨酸、牛磺酸等活性物质。壳角蛋白含有 18 种以上的氨基酸，尤其是人体 8 种必需氨基酸，例如色氨酸等相对含量较多。

珍珠是在珍珠贝内形成的物质，是新陈代谢的产物，除含有大量无机成分外，还含有一定量的有机成分和水分等。从分析珍珠成分的结果来看，海水贝类和淡水蚌类所产的珍珠其成分大体上是相似的。不同种类和质量的母贝所养殖的珍珠，其化学成分的含量有些许差异，见表 2–1。

（1）珍珠的无机成分

珍珠无机成分的主体是碳酸钙（文石和方解石）

表 2-1　珍珠的化学成分

单位：w_B/%

成　分	天然珍珠	海水珍珠	贝壳珍珠	贝壳棱柱层
无机成分	91.49	92.62	92.27	92.57
有机成分	7.07	6.41	3.22	5.32
水	1.78	0.66	0.76	0.69

（据赵前良、周佩玲）

及少量的碳酸镁（菱镁矿）。这是由于软体动物外套膜中可分泌出可溶黏液与不可溶黏液，诱发结晶成文石或方解石。

除此之外，珍珠的成分中还含有 Cu、Fe、Zn、Mn、Mg、Cr、Sr、Pb、Na、K、Ti、V、A1、Ag、Co 等 10 多种微量元素。微量元素对珍珠的品质及颜色都会带来影响。就像其他宝石一样，微量元素对珍珠的颜色起着重要的作用。

等离子发射光谱仪分析不同颜色淡水珍珠粉中所含金属离子的含量（表 2-2）表明：Zn、Ti、V、Ag、Mg、Sr 等元素的含量随颜色偏深而增加，其光泽也随之增强，这些金属离子的含量与珍珠的颜色和光泽呈正相关。桃红色珍珠主要含有 Mn，含 Mg、Na、Zn、Si、Ti 也较多；金色、奶油色的珍珠含 Cu、 Ag 等金属成分；银色珍珠含有 Mn、Na、Ti；金色珍珠含金属种类最多；银灰色珍珠含有机物质较多，白色珍珠含有机物质较少。

表 2–2　珍珠粉末中金属离子的含量

单位：mg・kg^{-1}

金属离子	珍珠粉样品		
	白色珍珠	橙红色珍珠	紫色珍珠
Cu(铜)	＜0.1	＜0.1	＜0.1
Fe(铁)	＜0.1	＜0.1	＜0.1
Zn(锌)	121	200	945
Mn(锰)	731	566	515
Mg(镁)	40.9	47.9	154
Cr(铬)	＜0.1	＜0.1	＜0.1
Ti(钛)	＜0.1	1.35	7.9
V(钒)	＜0.1	1.22	1.60
Al(铝)	＜0.1	＜0.1	＜0.1
Ag(银)	＜0.1	＜0.1	4.1
Co(钴)	0.1	0.1	0.4

注：数据由华东理工大学分析测试中心测试

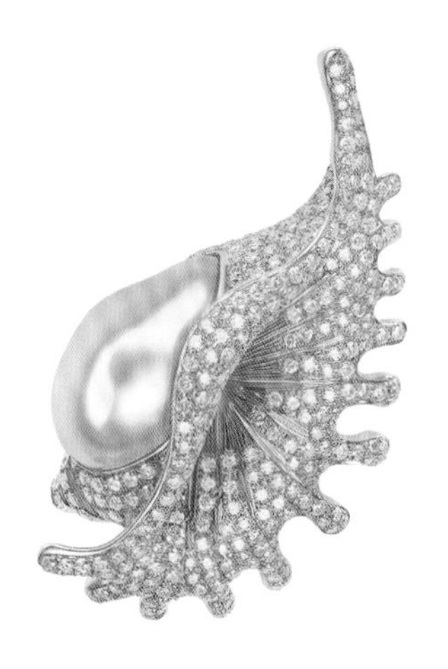

（2）珍珠的有机成分

珍珠有机成分的主体是壳角蛋白（也称角质蛋白或固蛋白）和各种色素等。

由表 2–3 可知，珍珠中有机成分质量分数大约占 3.5% ~ 7%。

淡水养殖珍珠中的壳角蛋白经水解后利用氨基酸自动分析仪测得其中含门冬氨酸、苏氨酸、丝氨酸、谷氨酸等多种氨基酸，见表 2–3 所示。另外各种有机色素也是影响珍珠颜色的重要因素。

马氏珠母贝养殖珍珠的壳角蛋白中氨基酸以甘

表 2-3　淡水养殖珍珠中的氨基酸种类及含量

单位：w_B/%

氨基酸名称	白色珍珠	橙红色珍珠	黄色珍珠	紫色珍珠
门冬氨酸	0.1950	0.1952	0.1949	0.1951
丝氨酸	0.1637	0.1635	0.1638	0.1637
甘氨酸	0.3722	0.3722	0.3724	0.3721
缬氨酸	0.0776	0.0775	0.0776	0.0774
异亮氨酸	0.0583	0.0584	0.0586	0.0583
酪氨酸	0.0236	0.0235	0.0236	0.0237
赖氨酸	0.0521	0.0520	0.0523	0.0520
精氨酸	0.0999	0.0999	0.0998	0.0999
苏氨酸	0.0508	0.0519	0.0506	0.0509
谷氨酸	0.1184	0.1184	0.1185	0.1184
丙氨酸	0.3473	0.3475	0.3473	0.3473
蛋氨酸	0.0040	0.0040	0.0039	0.0042
亮氨酸	0.1268	0.1268	0.1267	0.1269
苯丙氨酸	0.1227	0.1227	0.1228	0.1228
组氨酸	0.0157	0.0160	0.0158	0.0159
脯氨酸	0.0461	0.0460	0.0463	0.0461
总含量	1.8742	1.8745	1．8749	1.8747

（据《系统宝石学》，2006）

氨酸、丙氨酸的含量为最高，其次为亮氨酸、谷氨酸、苏氨酸、苯丙氨酸。不同颜色的珍珠氨基酸含量略有差异（表 2-4）。

人们在研究珍珠化学成分的基础上又对珍珠的物相组成进行了深入的研究。在这方面存在着两种观点。一种认为珍珠主要由方解石组成，另一种观

表 2-4　马氏珠母贝养殖珍珠壳角蛋白中氨基酸的含量

单位：w_B/%

氨基酸名称	珍珠颜色				
	粉红色	银白色	铅灰色	铅灰土色	紫铅灰色
甘氨酸	26.4	24.8	27.2	23.6	24.0
丙氨酸	12.4	16.4	13.2	12.4	3.6
亮氨酸	6.4	5.2	6.8	6.0	8.4
苯丙氨酸	4.4	5.2	4.8	5.2	6.0
丝氨酸	3.6	3.2	4.0	3.8	3.0
缬氨酸	4.4	3.2	2.8	4.4	8.0
蛋氨酸	1.2	1.6	1.2	1.6	1.2
胱氨酸	0.6	1.0	0.8	0.6	0.8
精氨酸	2.8	2.0	1.8	0.8	2.8
组氨酸	3.6	2.0	3.0	0.8	0.6
酪氨酸	0.8	1.2	1.6	3.2	6.4
门冬氨酸	3.2	3.6	2.0	1.6	1.6
谷氨酸	6.4	7.6	5.2	6.0	5.6
苏氨酸	6.6	5.8	4.8	4.6	4.8
共计	83.2	81.6	79.2	74.6	76.8

（据《珍珠科学》，1995）

点认为珍珠主要由文石组成，文石的含量直接影响着珍珠的质量。表 2–5 表示了合浦珍珠中文石含量与珍珠质量的关系。

表 2–5　合浦珍珠矿物相及相对质量分数

单位：w_B/%

珍珠类别	文　石	方解石
优质珠	95 ~ 85	5 ~ 15
一般珠	74	26
棱柱珠	45	55

（据孔蓓、周佩玲，1995）

三、珍珠的光学特征

1. 颜色

珍珠的颜色是其体色、伴色和晕彩综合的颜色（图 2–3）。

珍珠的体色又称之为本体颜色，也称背景色，是珍珠对白光的选择性吸收产生的颜色，它取决于珍珠本身所含的各种色素和微量金属元素。淡水珍珠常见的有白色、金黄色、紫色、粉红色、蓝色和奶油色等。同种淡水蚌产的珍珠颜色较丰富，经常在同一个蚌里产出不同颜色的珍珠；海水珍珠的颜色较少，同种海水贝产的珍珠颜色较单一，一般有银白色、金黄色、蓝色和黑色等。珍珠的颜色成因可分为外部因素和内部因素。外部因素主要有母贝的体色、植入珠核和外套膜小片的颜色、养殖水体中的微量元素、养殖水体的温度、pH、浓度等，主要与珍珠养殖的技术水平有关；内部因素主要有有机色素，如卟啉、类胡萝卜素、金属元素和有机质等，它是本质上的原因。等离子体原子发射光谱 ICP–AES 分析结果表

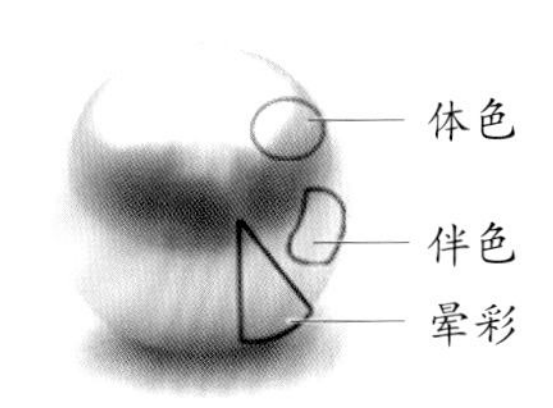

图 2–3　珍珠的体色、伴色、晕彩

明珍珠中含有多种微量金属元素，不同颜色的珍珠所含金属元素的种类不同，且同一色系珍珠的颜色随着金属元素含量的增加而由浅到深变化。白色系珍珠中含 Mn、Zn 较多，黄色系珍珠相对富含 Fe、Mg，红色系珍珠含 Fe、Mg、Zn 较多，而深色系珍珠则富含 Fe、Zn、Mg。根据有机生色团理论，进一步讨论得出卟啉使珍珠致色的原因是其结构中存在有 d－π 生色团和 π－电子生色团。

伴色是漂浮在珍珠表面的一种或几种颜色。珍珠常见的伴色有：白色、粉红色、玫瑰色、银白色或绿色等伴色。

晕彩是在珍珠表面或表面下层形成的可漂移的彩虹色，是加在其体色之上的，是从珍珠表面反射的光中观察到的，由珍珠次表面的内部珠层对光的反射干涉等综合作用形成的特有色彩。晕彩可分为：晕彩强、晕彩明显、有晕彩和无晕彩。珍珠并不一定是每颗都带有晕彩，但也有一颗珍珠同时带有两种以上的晕彩现象的发生。同等条件下的两颗珍珠，带有晕彩的那颗价值更高。

在描述一颗珍珠颜色的时候通常以体色描述为主，伴色和晕彩描述为辅。

2. 光泽

珍珠的光泽又称皮光或皮色。珍珠的光泽是不同珍珠层之间光的作用引起的，是由其多层结构对光的反射、折射和干涉等综合作用的结果（图 2-4）。通俗来说，就是当光线照射到珍珠时，被由成千上万

微小的碳酸钙晶体所构成的珍珠质层进行反射、折射及散射叠加后，形成由里向外的紧密的柔润光泽。光泽是判定珍珠质量好坏的关键依据，光泽强则价值高，光泽弱则价值要大打折扣。不同产地、不同生长条件、不同生长时期的珍珠，光泽一般都有很大区别。按珍珠光泽的强弱可以细分为极强珍珠光泽、强珍珠光泽、中等珍珠光泽及弱珍珠光泽。

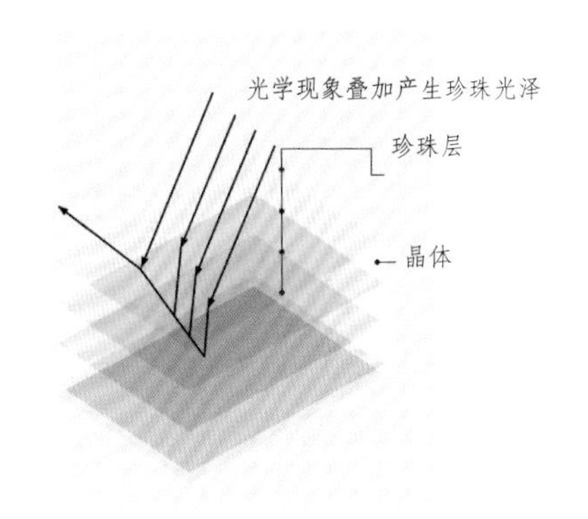

图 2-4　珍珠光泽产生原理示意图

珍珠光泽强弱与珍珠的形成和结构有着直接的因果关系，即与珍珠质层的厚度、晶体的排列方式有着密切的联系。一般珍珠层厚度越大，珍珠的光泽越强。而珍珠层的厚度又与养殖时间有关，时间越长，珍珠层越厚。文石排列有序度越高，则珍珠光泽越强，珍珠表面越圆润。因此，养殖时间的长短决定了珍珠光泽的强弱，从而也决定了珍珠的价值。

3. 透明度

珍珠多数不透明，少数为半透明。

4. 光性

珍珠为非均质集合体。

5. 折射率与双折射率

珍珠的折射率为 1.530 ~ 1.685，多为 1.53 ~ 1.56，双折率不可测。

6. 发光性

（1）紫外荧光。黑色珍珠在长波紫外线下呈现弱至中等的红色、橙红色荧光。其他珍珠呈现无至强的浅色、黄色、绿色、粉红色荧光。

（2）X 射线荧光。除澳大利亚产的银白珠有弱

荧光外，其他天然海水珍珠均无荧光。养殖珠有由弱到强的黄色荧光。

7. 吸收光谱

珍珠无特征吸收谱。

四、珍珠的力学性质

1. 解理

珍珠为集合体，无解理。

2. 硬度

摩氏硬度为 2.5 ~ 4.5。

3. 密度

珍珠的密度一般在 2.60 ~ 2.85g/cm^3 之间，不同种类、不同产地珍珠的密度会略有差异（表 2-6，表 2-7）。天然海水珍珠的密度为 2.61 ~ 2.85g/cm^3，天然淡水珍珠密度为 2.66 ~ 2.78g/cm^3，很少超过 2.74g/cm^3。海水养殖珍珠的密度为 2.72 ~ 2.78g/cm^3。淡水养殖珍珠低于大多数天然淡水珍珠。东方海水天然珠为 2.66 ~ 2.76g/cm^3。澳大利亚珠可达 2.78g/cm^3。墨西哥湾的珍珠为 2.61 ~ 2.69g/cm^3。质量差的珍珠密度较小。贝壳珍珠密度接近 2.85g/cm^3。

表 2-6　不同种类珍珠的密度表

珍珠类别	密度/（g/cm^3）
天然海水珍珠	2.61 ~ 2.85
天然淡水珍珠	2.66 ~ 2.78
海水养殖珍珠	2.72 ~ 2.78
贝壳珍珠	2.85
东方海水天然珠	2.66 ~ 2.76

（据郭守国，2004）

表 2-7　不同产地的珍珠的密度表

产　地	密度/（g/cm^3）
日　本	2.66 ~ 2.76
墨西哥湾	2.61 ~ 2.69
澳大利亚	2.67 ~ 2.78
波斯湾	2.66 ~ 2.76
马纳尔湾	2.68 ~ 2.74

第二节　珍珠的结构和表面形貌特征

一、珍珠的结构

珍珠的结构实际上是由霰石型碳酸钙晶体与壳角蛋白隔层交替排列达几千层而组成的同心球。其中碳酸钙晶体似六角形铺地砖，而壳角蛋白像“水泥层”被夹在两层碳酸钙晶体之间，起黏结作用。这种晶格的形状、大小、厚薄等规则程度直接影响珍珠的品质，珠光产生的主要原因之一是这种晶体对光反射、衍射、折射的综合结果。珍珠有机质中糖的含量很少，它是与蛋白质结合以糖蛋白的形式存在。这种以蛋白质基质作为镶嵌框架的碳酸钙晶体比纯粹的碳酸钙晶体牢固若干倍，也是珍珠具有良好的韧性与弹性的内在原因。这种独特的生化结构不仅使珍珠具有了绚丽多彩的天然色泽，从材料学的角度也将会指导某些仿生材料，例如生物陶瓷等的研制。

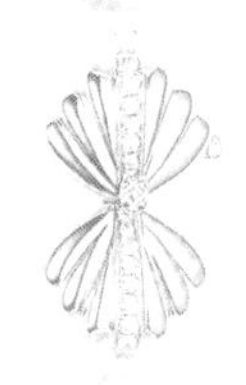

珍珠具同心环状结构，对于这种结构形成的原因有两种理论，其一认为珍珠层的形成顺序是：先形成壳角蛋白膜层，然后形成碳酸钙沉积，当碳酸钙的球状晶体长到0. 25～0. 5μm就附存在这层薄膜上，并向横向生长，最后形成板状结晶。这种结构就像建筑上砌砖一样，壳角蛋白如水泥，碳酸钙结晶体就好像泥砖。另一种理论认为珍珠结构是复杂多变的，即由最内层的珠核、次内层的不定形有机质层、次外层的方解石棱柱层和最外层的文石珍珠层组成。其结构模式如图 2-5 所示。

（1）珍珠的最内层为珠核。

（2）次内层为无定形基质层（对应图 2-5 (a) 部分），一般该层紧贴于珠核表面，其厚度变化较大。马氏珠母贝、大珠母贝所养殖珍珠的次内层稍厚一些，基质的化学组成为有机物质，也可混有无机物结晶颗粒，为珍珠囊的早期分泌产物。

（3）方解石结晶层(也称棱柱层)（对应图 2-5(b) 部分），在贝壳中大量存在，人们习惯认为在珍珠中，尤其在优质珍珠中很少有方解石晶层，但实验结果证实该层在各种贝、蚌的珍珠中都常出现，具有一定的普遍性，只不过发育程度、厚度有别而已。

(4) 文石晶层(又称珍珠质层)（对应图 2-5(c) 部分），这是珍珠的主要成分，直接决定着珍珠质地的优劣，它是由许多文石晶质薄层与壳角蛋白的薄膜交替累积而成的，整个文石晶层就是由几百甚至上千个文石薄层累积而成的。组成晶层的文石单晶大小约为：长 3 ～ 5μm，宽 2 ～ 3μm，厚 0.2 ～ 0.5μm，为不规则多边形的扁平平板块状，由壳角蛋白黏结相连，好像砖上加上一层砂浆似的。

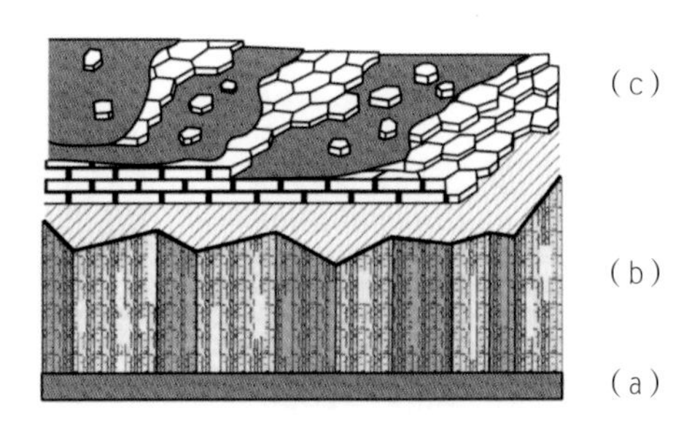

图 2-5　珍珠结构示意图

有核养殖珍珠的结构除珠核较天然珍珠珠核大外，其结构基本相同（图 2-6）。

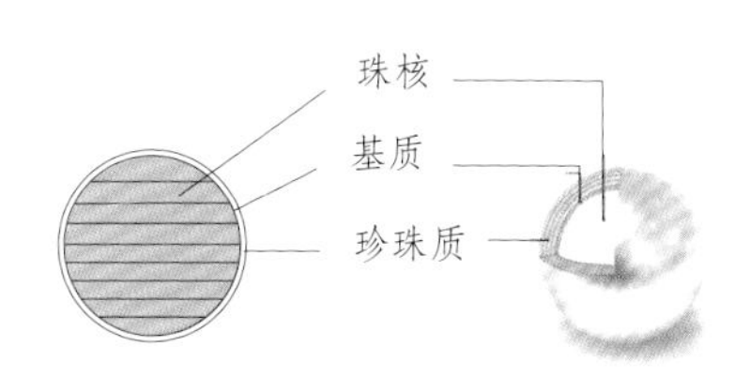

图 2-6　有核珍珠剖面图

淡水无核养殖珍珠几乎完全由珍珠层构成（图 2-7），不像有核珍珠的中央有一颗大的珠核，外部才是珍珠层。一般它们的半径基本上就是整个珍珠的珍珠层厚度，优质淡水无核养殖珍珠接近圆心部分碳酸钙的层状结晶呈同心环状，通过壳角蛋白的“黏合”由珍珠层叠合而成。

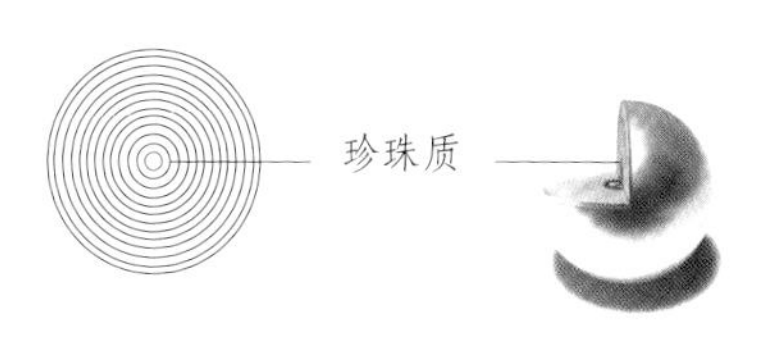

图 2-7　无核珍珠剖面

二、珍珠的表面特征

珍珠外观形态变化很大，光泽好的良珠表面光滑完整，大部分珍珠由于外界环境的不稳定和贝蚌的不均一，表面有沟纹、瘤刺和斑点。但不管哪种理论，都表明珍珠的表面形态应是碳酸钙晶体与壳角蛋白堆积在珍珠表面的一种反映，在理想状态下，这种堆积是紧密、完整的，因此珍珠表面是干净、光滑的，但由于环境和贝蚌的健康程度的影响，珍珠会出现沟纹、瘤刺和斑点等瑕疵。

在光学显微镜下，可看到珍珠表面由各薄层堆积所留下的各种形态的花纹，大致有平行线状的，平行的圈层状，不规则条纹，旋涡状，花边状的，也有完全光滑无条纹的（图 2-8）。花纹是由珍珠表面的珍珠质薄层重叠形成的，在珍珠质薄层的边缘即成为条纹。在珍珠生长过程中，许多珍珠质薄层一层又一层地重叠起来，达到足以构成珍珠的珍珠层。层覆一层不断累积的结果，在形成珍珠的同时，也在珍珠表面出现了像等高线那样的条纹。

图 2-8　显微镜下黑珍珠的表面形貌

第三节　珍珠的分类

珍珠的分类方法多种多样，按照不同的分类原则可将珍珠划分为不同的品种。目前，我国对珍珠的分类主要是依据其3个属性进行划分的，包括产出环境属性、个体属性和商业属性，具体见表2–8。本节主要介绍按产出环境、商业属性分类，个体属性在珍珠质量评价与分级章节中详细介绍。

表2–8　珍珠的分类主要依据一览表

属　性	具体因素	备　注
产出环境属性	形成原因	
	产出水质	
	产出地理位置	
	母贝类型	产自软体动物品种不同
	产出部位	在母贝（蚌）体内的位置
个体属性	组织结构	涵盖珍珠的成分
	颜色	
	形态	海水珍珠与淡水珍珠划分稍有不同
	大小	
	珠层厚度	只针对有核珍珠划分品种
	光泽	
	优化处理方式	经过何种优化处理方式
	综合品质	
商业属性	用途	
	商业习惯	
	商业质量标准	包括国际分类标准

一、按照产出环境属性分类

（一）依据珍珠的形成原因划分

依据珍珠的形成原因，可将珍珠分为天然珍珠和养殖珍珠。

1. 天然珍珠

天然珍珠指从野生的或是人工饲养的贝体内采集到自然形成的珍珠（图 2–9），其形成过程未经过任何的人为因素。天然珍珠因为是偶然因素导致产生的，核中异物很少滚动，圆度较差；因为生长的时间较长，其质地细腻、珠层厚实、表皮光滑且较透明；天然珍珠产出量较少，故而价格较高。

图 2–9　天然珍珠

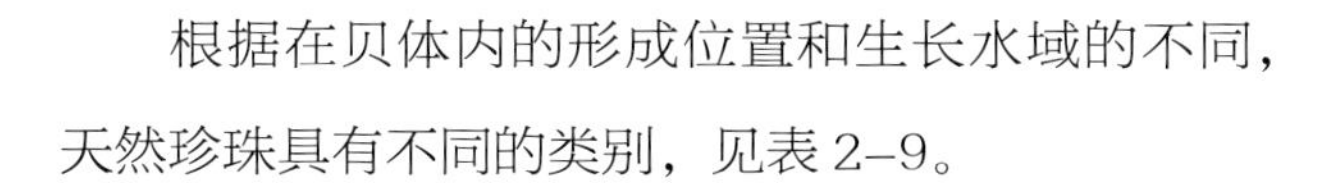

根据在贝体内的形成位置和生长水域的不同，天然珍珠具有不同的类别，见表 2–9。

表 2–9　天然珍珠的分类

<table>
<tr><th>分类标准</th><th>类　别</th><th colspan="2">详　解</th></tr>
<tr><td rowspan="4">在贝体中形成的位置不同</td><td rowspan="3">游离珠</td><td>袋珠</td><td>生于外套膜的边缘部分</td></tr>
<tr><td>耳珠</td><td>生于铰合部下方，前、后耳附近的外套膜或与其相邻的组织中</td></tr>
<tr><td>粟粒珠</td><td>生于外套膜的中央部分或闭壳肌上</td></tr>
<tr><td>附壳珠</td><td colspan="2">生于贝壳与外套膜之间，而附着在贝壳上的珠</td></tr>
<tr><td rowspan="3">生长水域不同</td><td>天然海水珠</td><td colspan="2">由海水中的贝类自然发育的珍珠</td></tr>
<tr><td rowspan="2">天然淡水珠</td><td rowspan="2">由淡水中的蚌类自然发育的珍珠。</td><td>天然湖珠</td></tr>
<tr><td>天然江河珠</td></tr>
</table>

2. 养殖珍珠

养殖珍珠是指经人工手术在软体动物内进行植片或插核，刺激其分泌珍珠质而产出的珍珠。这是人们受天然珍珠形成原理的启发，仿照天然珍珠的形成环境、刺激条件，人为干预使软体动物受到外界刺激而形成珍珠。现在市场上的珍珠基本都是人工养殖的。

根据养成方式和珍珠的构造，养殖珍珠也可细分为不同的类别。根据生长水域不同，可划分为海水养殖珍珠和淡水养殖珍珠；根据有无珠核，可分为有核养殖珍珠和无核养殖珍珠；根据是否附壳，可分为游离型养殖珍珠和附壳型养殖珍珠。

（二）依据产出水域划分

依据产出水域，珍珠可分为海水珍珠和淡水珍珠，这是我国目前最传统、最重要的珍珠分类方法之一。

1. 海水珍珠

在海水中由贝类孕育并长成的珍珠称为海水珍珠，又称盐水珠。海水珍珠主要由马氏珠母贝、白蝶贝、黑蝶贝、企鹅珍珠贝和鲍贝等海洋贝类产出。

2. 淡水珍珠

在淡水中由蚌类产出的珍珠为淡水珍珠。产自江河中为河珠，产自湖泊中为湖珠。主要由三角帆蚌、褶纹冠蚌等淡水蚌类产出。

（三）依据产出地理位置划分

世界上产出珍珠的地方很多，按产出地理位置划分有如下几类。

1. 东珠

现在市场上的“东珠”主要有两层含义：

其一，指产于东亚地区，主要是日本的海水养殖珍珠，这是比较传统的说法。其中产自东京东北面湖区的Kasumiga珍珠是东珠的代表，品质很好，所采用珠母贝是日本和中国淡水牡蛎杂交的优良品种，生产出独特的带玫瑰粉红、深粉红的珍珠。

其二，是指产于我国东北黑龙江流域的淡水珍珠，亦被称为“北珠”、“大珠”、“美珠”，是从黑龙江流域的江河中出产的淡水珠蚌里取出的一种珍珠。其与一般珍珠相比，因晶莹透彻、圆润巨大，而更显王者尊贵，自古以来便成为中国历代王朝所必需的进献贡品。现在市场上基本见不到了。

2. 西珠

广义上，将产于大西洋的珍珠统称为“西珠”，狭义上仅指产自意大利等欧洲海域的海水珍珠，目前由于水质变差等原因，产量越来越少，质量也在逐年下降。

3. 南珠

早期，“南珠”仅指产于澳洲北面海域、菲律宾和印度尼西亚地区的海水珍珠，但随着南珠美誉的传播，养殖技术的改进，它的范围也在不断扩大。现在中国南海、北部湾海域（为广西防城、钦州、合浦、北海等地）、广东湛江、海南一带所产的珍珠也被归为南珠的范畴（图2-10）。

图2-10 南珠

4. 南洋珠

南洋珠，是指产于东南亚印度尼西亚、波斯湾、南太平洋、澳洲等地的珍珠，主要是由白蝶贝等大珠母贝所培育出（图 2-11）。南洋珠的一般直径是 10 ～ 15mm，最大的可见到 18mm，史上最大的南洋珠的直径是 21mm，珍珠层厚，光泽极强，形态圆润，是珍珠中的上品，特别珍贵。南洋珠的养殖时间至少一年半，多则几年，养殖出来后不需要加工即可进入市场，这就是它的魅力所在。

澳洲珠

澳洲珠，实际上也可以被归为南洋珠的范畴，是南洋珠中的珍品，它产自澳洲西北部海湾的极小部分地区。该地区海域宽阔、水质清纯、水温适宜，产出世界最高品质的白蝶贝，再加上该地区珍珠养殖的高超技术，以及当地政府对养殖业的严格监督控制，所产出的珍珠质量是世界最佳的。白蝶贝中的亚类银唇贝和金唇贝分别产出的银白色和金色珍珠，表现出无比的高雅和贵重，成为世界最受欢迎的珍珠之一。由于澳洲珠的弥足珍贵，每年产量的大部分销往日本，其余一般销往欧美一些经济发达的国家和地区。

图 2-11　南洋珠

还有一些珍珠品种是根据具体产地命名的，如大溪地黑珍珠、波斯珠、马纳尔珠和琵琶珠等。

5. 塔希提珍珠

由于地名是音译，也被叫做大溪地珍珠，是指产于南太平洋的法属波利尼西亚的塔希提岛的珍珠。这一带盛产分泌灰色和黑色珍珠质层的黑唇贝，所产珍珠一般为圆形或水滴形，颗粒极大，大多数直径为 9 ~ 15mm，颜色一般为纯黑、深灰和银灰色，还常伴有海蓝、粉红、孔雀绿、金色等色调（图 2-12），光泽很强，其中孔雀绿黑珍珠价值最高，其次是紫黑色或蓝黑色。

图 2-12　各种颜色形状不一的塔希提珍珠

6. 波斯珠

产于波斯湾地区的珍珠，亦称为东方珍珠，多为白、奶白、奶油、淡绿色，现已成为天然珍珠的代名词，以巴林岛所产珍珠为最佳。其中伊朗、阿曼、沙特阿拉伯海岸已有 2000 多年的产珠历史。

7. 马纳尔珠

是指产于印度和斯里兰卡之间马纳尔海湾的珍珠。珍珠颜色多为 K 金的金属色，具有独特的黄色、金属铁灰色（图 2-13）。

波斯湾——海水珍珠的孕育地

波斯湾是世界上最美丽的海湾之一，也是珍珠最爱恋的家园。波斯湾在相当长的一段历史时期内是世界上最重要的天然海水珍珠产地。19 世纪 30 年代甚至 50 年代之前，世界上 70% ~ 80% 的天然珍珠都产于波斯湾。整个 19 世纪，波斯湾地区的珍珠产量几乎超过了所有其他地区的产量之和。直到 20 世纪中叶，这种贸易垄断格局才被打破。

波斯湾地区关于珍珠的最早的记述可以追溯到公元前 2000 年的亚述人时期，在楔形文字泥板记录中有关于“来自迪尔穆恩装着鱼眼的邮包”的记述，“鱼眼”就是现在的巴林的珍珠。采撷珍珠是当时迪尔穆恩人的主要经济活动。伊朗、阿联酋、阿曼、沙特阿拉伯等地区在当时都是重要的珍珠产地。

图 2–13　马纳尔珠

8. 琵琶珠

图 2–14　琵琶珠手链

琵琶珠是指产自日本琵琶湖中池蝶蚌所养殖出的淡水珍珠（图 2–14）。琵琶珠颜色从淡粉红色到深褐色变化较大，漂白后多数颜色变浅，成为带淡粉红色色调的白色。

（四）依据母贝、蚌种类型划分

1. 马氏贝珍珠

马氏贝珍珠是指产于马氏贝的珍珠（图 2–15）。海水养殖珍珠的珠母贝 90% 是马氏贝。这种珍珠是市场最常见的海水养殖珍珠。20 世纪初日本首先用马氏贝作母贝养殖。60 年代，我国成为马氏珠母贝养殖珍珠的主要出口国。

2. 白蝶贝珍珠

白蝶贝珍珠是指产于白蝶贝的珍珠。白蝶贝珍珠一般有白色、黄色及金黄色，色彩鲜艳、珠光强，质优粒大。

白蝶贝又称大珠母贝，也有叫白蝶珍珠贝的。它属热带、亚热带海洋的双壳贝类，是我国南海特有的珍珠贝种。白蝶贝的形状像碟子，其个体很大，一般体长25～28cm，体重为3～4kg。它是珍珠贝类中最大的一种，也是世界上最大最优质的珍珠贝。白蝶贝在我国南海，尤其海南岛沿海资源较丰富。

图 2-15　马氏贝珍珠

3. 黑蝶贝珍珠

黑蝶贝珍珠是指产于黑蝶贝的珍珠（图 2-16）。黑蝶贝只限在法属波利尼西亚水域中生长，蚌内的珍珠磷质带有浅灰至深灰的天然色泽。由于黑蝶贝内脏运动量比其他贝类更大，较易产出多种形状的珍珠，其中圆珠最珍贵。产出的颜色有黑、灰、蓝、绿等。黑蝶贝珍珠90%以上产自塔希提。

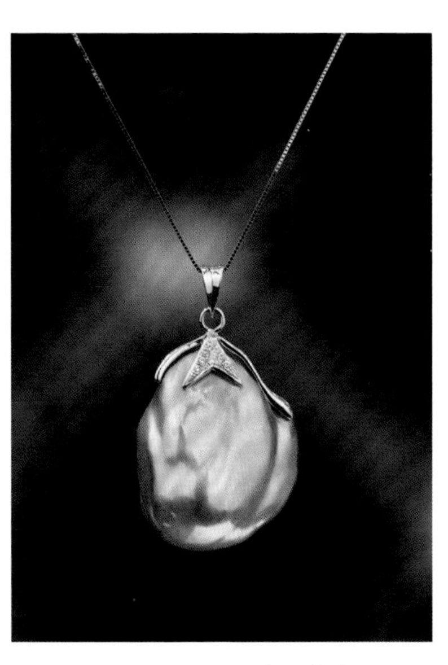

图 2-16　黑蝶贝珍珠

4. 企鹅贝珍珠

企鹅贝珍珠是指产于企鹅贝的珍珠，属于海水珍珠，这种珍珠颗粒较大，质量也较好，但产量较低。企鹅贝产出的珍珠呈现奇妙的棕褐色或近似其他浅色彩，且此种贝类可以产出附壳珍珠，如佛像珍珠、马白珠等。

5. 鲍鱼贝珍珠

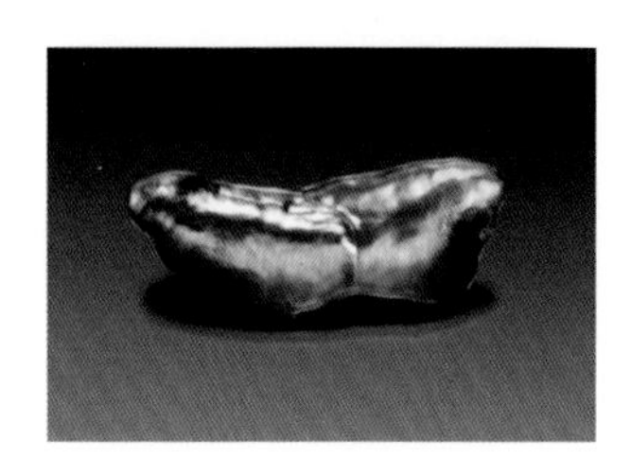

图 2-17 鲍鱼贝珍珠

鲍鱼贝珍珠是指产于鲍鱼贝的珍珠（图 2-17）。目前市场上常见的鲍鱼贝珍珠多为附壳珍珠，颜色一般为粉色、蓝色和绿色等。鲍鱼贝珍珠的形状比较独特，为圆锥形形状，这种珍珠主要产于新西兰沿岸海域，在美国的加利福尼亚、俄勒冈和阿拉斯加海岸海域，以及墨西哥、日本、朝鲜、南非、澳大利亚等沿岸均有产出。

6. 三角帆蚌珍珠

三角帆蚌珍珠是指产于三角帆蚌的珍珠（图 2-18）。三角帆蚌珍珠是淡水养殖珍珠的主要品种，占据市场 95% 以上。产出的珍珠珠质光滑细腻，形状较圆，色泽好，但生长速度慢。

图 2-18 三角帆蚌珍珠

7. 褶纹冠蚌珍珠

褶纹冠蚌珍珠指产于褶纹冠蚌的珍珠。褶纹冠蚌珍珠类似于三角帆蚌珍珠。由于其生长速度较快，珠质多皱纹，质量较差，产量也较低。

相对于三角帆蚌，它所产出珍珠的质量略差，但对栖息环境的要求较低，且产量高，成珠快，所产珍珠呈长圆形，红色或粉红色。

8. 池蝶蚌珍珠

池蝶蚌珍珠是指产于池蝶蚌的珍珠。原产于日本滋贺县的琵琶湖。池蝶蚌分泌珍珠质能力强，所产珍珠圆、光、大，品质十分优良。

9. 背瘤丽蚌珍珠

背瘤丽蚌珍珠是指产于背瘤丽蚌的珍珠。它是最好的天然产珠蚌类，它产的珍珠多呈瓷白色，局部有翠绿色的闪光。

10. 海螺珍珠

海螺珍珠产于一种加勒比海居住的粉红色大海螺体内，珠子通常粉红色，中间也有白色或咖啡色，它们具有独特的火焰似的表面痕迹，质优的形状通常是椭圆形，两侧对称，阿拉伯人及欧洲人对此情有独钟。

海螺珍珠

产珠软体动物除了双壳类，还有腹足类，包括海螺和鲍贝。海螺珍珠具有瑰丽的颜色和独特的火焰状的外观，非常罕见和珍贵（图 2–19）。阿拉伯人及欧洲人对此种珍珠情有独钟。

图 2–19　海螺珍珠

海螺珍珠产于一种在加勒比海居住的粉红色大海螺体内。在颜色上具有较大的频带宽度，一直从浅玫瑰色到鲜亮的粉红色，有时甚至一直从灰绿色到赭褐色。现在也发现了白色的海螺珍珠。较为受人们青睐的还是粉红、橙红色的海螺珍珠。

光洁的表面下蕴含着某种独具一格的、鲜亮的火焰纹，是海螺珍珠的独特之处，也是分辨海螺珍珠与其他珍珠的重要线索。并不是每一颗达到宝石级的海螺珍珠上都会出现令人迷恋的火焰纹。最理想的海螺珍珠是粉红色，椭圆形，带有变彩与火焰纹。

海螺珍珠的存在完全应该归功于大自然的造化，人工培育海螺珍珠的做法，最后都以失败告终。大约 50000 只海螺中，才能得到一颗可用的珍珠。因此每年最多只能发现 2000 ~ 3000 颗海螺珍珠。 由于它的稀少，海螺珍珠通常单颗由铂金、黄金镶嵌成戒指，或者点缀在项链、耳环和胸针等饰品的显要位置上。想要拥有一条海螺珍珠的项链基本是不可能的，很难找到相似的可配成项链的多颗样品。

（五）依据珍珠产出部位划分

根据珍珠的形成位置的不同，可以分为游离珠和附壳珠两种。

1. 游离珠

游离珠主要是指形成于外套膜或与其相连组织中却不与贝壳相连的珍珠。其种类包括袋珠（生于外套膜边缘）、耳珠（生于前后耳附近的外套膜组织中）、栗粒珠（生于外套膜中央或闭壳肌上）。一般袋珠较大，形状光泽较好，栗粒珠较小，光泽差。这类珍珠，不管形状如何，四周均被珍珠层包裹，呈完整珠。

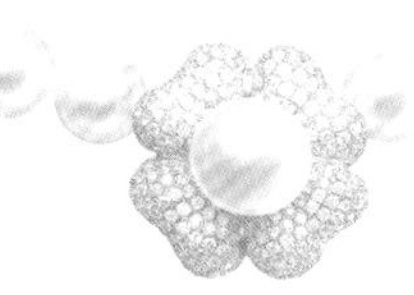

2. 附壳珠

附壳珠主要是指形成于贝壳和外套膜之间，而附着在贝壳上的珍珠，又称“象形珠”或“半边珠”。

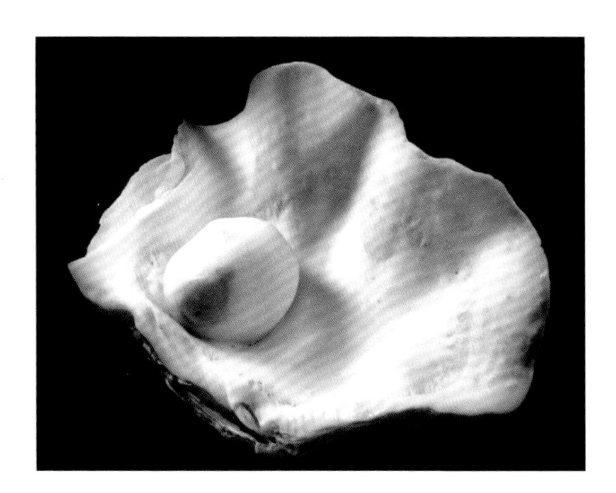

图 2-20　附壳珍珠

3. 聚合珠

聚合珠由两个或两个以上的珍珠被有机质层、棱柱层和珍珠层混合连聚在一起或包裹在一起形成的珍珠团。

图 2-21　珍珠化妆品

二、按照商业属性分类

（一）依据珍珠用途划分

珍珠按用途可分为饰用珍珠、药用珍珠、美容用珍珠（图 2-21）、保健用珍珠、工艺美术珍珠（图 2-22）五种类型（表 2-10）。

图 2-22　珍珠工艺品

表 2-10　按珍珠用途分类的珍珠类别

<table>
<tr><th>珍珠类别</th><th colspan="2">范　围</th></tr>
<tr><td>饰用珍珠</td><td colspan="2">用作装饰的珍珠，其中可分为首饰、服饰、帘饰、摆饰等装饰用珍珠，一般要求珍珠外观优美</td></tr>
<tr><td>药用珍珠</td><td colspan="2">用以制药治病的珍珠，一般要求珠质要纯，不能经过任何化学药物处理</td></tr>
<tr><td>美容用珍珠</td><td colspan="2">用以美容生肌、保护肤延缓衰老的珍珠，与药用珍珠要求相同</td></tr>
<tr><td>保健用珍珠</td><td colspan="2">用以增进营养、防病去病的珍珠，一般要求珍珠成分纯净</td></tr>
<tr><td rowspan="2">工艺美术珍珠</td><td rowspan="2">用作陈列、欣赏的艺术珍珠。</td><td>异形珍珠：指非圆形的不规则珠，形态像某物之珍珠。如熊猫珠、渔翁珠</td></tr>
<tr><td>象形珍珠：以象形珠模为核心，通过人工培育而成的珍珠，如佛像珍珠、观音坐莲珍珠、嫦娥奔月珍珠等</td></tr>
</table>

（二）依据商业销售习惯划分

由于珍珠在市场上流通较快，在商业上通常按照销售习惯将珍珠分为统珠、散珠、串珠三种类型（表 2-11）。

表 2-11　根据商业销售习惯划分的珍珠类型

珍珠类别	范　围
统珠	收珠后没有经过任何分选分类的珍珠，此时珍珠的质量鱼龙混杂，需进一步分选才可进入市场
散珠	经过分类但没有加工串联起来的单个珍珠。这种散珠往往是颜色好、光泽好、圆度好、个大的优质珠，不需要加工的单个珠，售价较高
串珠	经过加工、组合串连成型的珍珠，如项链、手链、胸针等

（三）依据商业质量标准划分

按商业质量标准，根据珍珠在贝体内形成的位置、质量的优劣，人们将珍珠分为数品，名称各异。我国的珍珠可以分为等内品和等外品（表2-12）。等内品又分为一等品、二等品、三等品和四等品四个级别；而生珠、污珠、附壳珠、僵珠和嫩珠，均属等外品珍珠。

表2-12　按商业质量标准划分的珍珠分类

分类	细分	备　注
等内品	一等珠	珍珠形状为圆珠或半圆球状。直径在1cm以上，表面为玉白色，全珠细腻光滑，闪耀珠光
	二等珠	珍珠呈圆球或半圆球、长圆形、腰鼓形，其大小不分，色泽较次于一等，表面呈玉白色、浅粉红色、浅黄色，全珠细腻、光滑、闪耀珠光
	三等珠	珍珠形为圆球形、近圆球形、半圆球形、长圆形、腰鼓形、扁块形、棒形等，表面呈玉白色、浅粉红色、浅黄色、浅橙色，全珠光滑，有细皱纹和珠光
	四等珠	珍珠形状不规则，表面为玉白色、粉红色、浅黄色、浅橙色、浅蓝色，有明显的皱纹或沟纹，全珠基本有珠光，但珠光面不小于全珠表面面积的80%

续表

分类	细分	备　注
等外珠	生珠	指插核后生长时间过短的珍珠；亦称滑珠。表面暗淡无珠光，质较松脆
	污珠	指珠体呈污黑色且无珠光的珍珠；表面暗淡，色深，内部中空，杂质较多
	附壳珠	指附着在育珠母贝、蚌壳上的珍珠；又叫搭壳珠，是养殖珍珠中的次品
	僵珠	指插核后，收珠前珠母已死亡的珍珠；亦称半骨珠、半光珠。表面部分暗淡、无珠光，淡处质较松脆易碎
	嫩珠	由于养育期短，全珠灰白或灰黄色，暗淡光弱，形如稗谷
	铰合珠	又称关节珍珠，产于贝的铰合线下耳状突起的附近，多为银白色，其中大而优者，可列为等内珠
	肌肉珠	亦称粟粒珍珠，形小如罂粟粒，产于肌肉组织之中。大部分都是粒小而且畸形，多用作眼药和解热药
	泥珠	指呈茶褐或褐色，无珠光的珍珠
	皱纹珠	指珠体表面呈现不规则皱纹，外观粗糙的珍珠
	瑕疵珠	指珍珠表面全部有瑕疵
	薄层珠	指肉眼可看到珠核的珍珠
	破损珠	指半圆珍珠底座脱落、串珠的珠座脱落、串珠的线已断或表面部分脱落以及珠核裸露的珍珠

YANGZHI

第三章

珍珠的养殖

第三章 珍珠的养殖

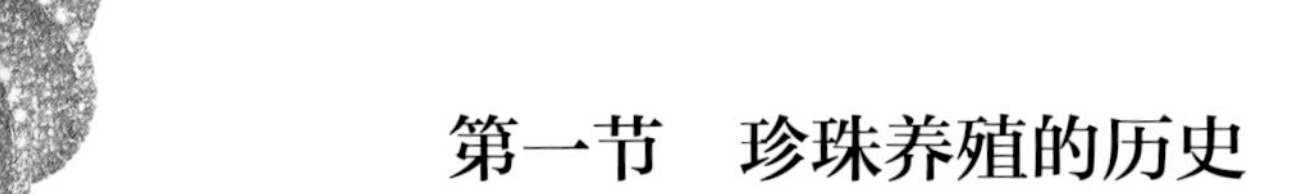

第一节　珍珠养殖的历史

一、世界珍珠养殖历史

18 世纪中叶，瑞典博物学家林奈育珠成功，这是国外人工育珠的最早记录。但这种方法却没有得到广泛传播。此后，各国科学家都试图养殖珍珠，都未能获得成功。

直到 1893 年，日本商人御木本幸吉在经过无数次失败的实验后，他的妻子意外在一个珠母贝中发现一颗半圆形的珍珠，这意味着御木本人工养殖珍珠的方法是可行的。在当时水产界有影响的人士的帮助下，御木本幸吉由实验转为大规模养殖，终于在 1905 年成功地养殖出了正圆的珍珠，并取得了专利。与此同时，许多相关学者和专业工作者在御木本幸吉养殖半圆珍珠方法的基础上进行了各种各样的开发工作。1904 年，见濑长平成功地培育出一颗

圆形珍珠，并提出了一个在珍珠养殖史上具有里程碑的方法："为了把核插进贝类外套膜组织内使其被珍珠质包围，最重要的是插入时核上应多少带些外皮细胞"。另外一位动物学家西川藤吉用此方法也成功培育出圆形珍珠。1913 年，科学家阿尔威德斯把分开的外套膜表皮细胞注入外套膜组织内，获得了珍珠。

1921 年在巴黎世界博览会上，日本珍珠及养殖技术得以推广，日本海水养殖珍珠开始批量生产。随着人工养殖技术的不断提高，20 世纪 60 年代，日本珍珠业进入全盛时期，最高年产量达百吨以上。这大大缓解了世界珍珠危机，并使此前的珍宝——珍珠不再只是达官贵族的专享，而是成为寻常百姓也可以买得起的珠宝。

然而，20 世纪 70 年代，由于水质污染、地震以及养殖密度过高等因素的影响，日本珍珠品质及产量大幅下降，70 年代末，日本珍珠王国的地位即已丧失。20 世纪 50 年代以后，由于日本技术和人才的流入，澳大利亚、印度尼西亚、菲律宾、缅甸、泰国、波利尼西亚及南美洲一些国家和地区陆续开展了海水珍珠的养殖。特别是澳大利亚、波利尼西亚等地，凭借得天独厚的天然海域优势和大量充足的育珠贝资源，以较好的质量和稳定的产量，成为当今高档海水养殖珍珠的主要来源。

御木本幸吉（MIKIMOTO）

图 3-1　御木本幸吉
（据 Noriyuki Morita）

御木本幸吉于 1858 年 1 月 25 日出生，他的父亲在他 12 岁时逝世，他便承担长子的责任，继续经营父亲麦店的生意。他在 20 岁时对生产珍珠的软体动物产生莫大的兴趣，常与渔民交往，收集资料。在 1888 年，他在国际渔业展览会上遇到了 Narayoshi Yanagi，Yanagi 对产珠软体动物非常有研究，还给御木本幸吉很多资料。他返回 Shima 便开始他的梦想——在几个小岛上，包括现在的珍珠港成立一个养珠农场，但他最初出产的只是劣质的半圆珠。

1890 年，东京大学的 Dr.Keikichi Mizukuri 教授指导御木本幸吉培殖养珠。御木本幸吉回家后将全部积蓄花在养珠场的研究上，早晚不倦地工作。他们尝试用铅、木、玻璃、沙等插入蚝的体内，但每次都失败。1893 年 11 月 11 日，他的太太发现一颗漂亮的半圆养珠在他插入的蚝体中形成。御木本幸吉立刻申请注册专利权。1896 年，他终于拿到培殖半圆珠的专利权，便将珠场移去 Tatokujima 岛，开始更努力地研究培殖圆形养珠的方法。

在同一时间，Tatsuhei Mise 和 Tokichi Nishikawa 也在这方面做了研究。1904 年，Mise 成功地培殖出一颗圆形珍珠，他在 1907 年申请专利权，但被拒绝，原因是御木本幸吉已经得到半圆养珠培殖的专利。同年 10 月，Nishikawa 申请圆珠培殖方法的专利，9 年后被批准，但那时他已去世 7 年！虽然 Nishikawa 的申请比 Mise 迟了几个月，但 Mise 的专利被审定为侵越 Nishikawa 的。御木本幸吉是 Nishikawa 的继父，Nishikawa 死后，御木本幸吉与他的儿子采用 Nishikawa 发明的圆形珍珠培殖方法，继续发扬养珠行业并获得成功，成为日本珍珠之父。

御木本幸吉于 1954 年去世，享年 96 岁。据称他的长寿秘诀是每天都吃一颗珍珠。

二、中国珍珠养殖历史

我国是世界上最早开展珍珠人工养殖的国家。1987 年，日本的堀口吉重博士在其发表的报道中指出："世界上最早利用人工方

法开展养殖珍珠的国家是中国。”早在13世纪，中国就用锡浇铸成佛像的形状插植在蚌壳中，养育出世界闻名的佛像珍珠。宋代的庞元英曾在《文昌杂录》（公元1082年）中记载：礼部侍郎谢景温云：“有一养珠法，以今所作假珠，择光莹圆润者。取稍大蚌蛤，以清水浸之，伺其口开，急以珠投之。频换清水，夜置月中，蚌蛤采玩月华，此经两秋即成珠矣”。能够养殖出具有图像造型的珍珠证明当时中国已经开始探索养殖珍珠的方法，并且取得了一定成功，可见当时的中国人已经对珍珠养殖技术有了初步的认识，但这个方法到明代就已经失传了。佛像珍珠的养殖法虽然简单，也未形成科学理论基础，却也已经接近了现代珍珠养殖法。此后，西欧各国相继展开人工珍珠的养殖和生产。中国这一技术比17世纪中叶西欧的博物学家林标发明养殖珍珠早600年。到了南宋，湖州人叶金阳把佛像养殖珍珠的技术更进一步，使用褶纹冠蚌培养附壳珍珠。据史料记载，从13～20世纪中国人以稳定的菩萨珠产量，在商业上获取了相当的利益。可见，中国对珍珠养殖的发展起到了极其重要的作用。

新中国的珍珠养殖业始于南珠的养殖。1965年合浦珠母贝人工育苗成功，1966年引向生产后蓬勃发展起来，20世纪80年代达到高潮。淡水珍珠1959年首先在广东试养。1965年在江苏太湖也试养成功。1967年取得生产上的突破。1969年，浙江诸暨试养珍珠成功。此后，许多地方发展了河蚌育珠，年产量不断上升。大型珍珠养殖的兴起，更为我国珍珠养殖业发展带来了生机。1970 年白蝶贝人工育苗在我国首次试验成功。1971 年引向生产，解决了母贝奇缺的困难，奠定了我国大型珍珠养殖的基础。白蝶贝插核育珠试验，我国始于1970年，1978年获得阶段性进展。1981 年，我国第一个商品大珍珠（大小 19 mm ×15.5mm，重 5g）诞生，从此打破了日本对国际培育大珠技术的垄断。中国开始进入国际大珠养殖行列。1985 年，世上稀有的企鹅珍珠贝和黑蝶贝（产黑珍珠）的养殖及其种苗人工繁殖研究和多倍体育种研究等也在我国兴起，并取得阶段性成果。目前，我国在合浦珠母贝、白蝶贝及三角帆蚌等种苗生产技术和多倍体育种研究方面在国际上处于领先地位。

中国淡水养殖珍珠主要经历了试验、改进和成熟三个发展阶段。

1. 试验阶段

自 1958 年当时的广东湛江水产专科学校和上海水产学院成功试养淡水珍珠开始，我国的淡水珍珠养殖产业初步形成。20 世纪 60 年代至 70 年代，熊大仁教授进行人工养殖河蚌获得无核珍珠，并发表首篇研究论文《河蚌无核珍珠形成的初步研究》，无核珍珠养殖与彩色珍珠养殖获得阶段性成果。从此，全国各地相继开展了淡水珍珠养殖，全国性的淡水珍珠规模养殖于1964年相继展开，尤其是浙江、江苏、湖南等省发展较快。到20世纪70年代后期，中国淡水珍珠年产量达到2 ~ 3t。20世纪80年代至90年代初，我国的河蚌人工繁殖技术发展迅速，成功解决了育珠蚌来源问题，加之小蚌、小片和小工具“三小”技术突破，提升了珍珠质量且迅速提高了珍珠产量，从而促进了淡水珍珠养殖业、加工业和贸易的迅猛发展。在此期间，中国的育珠蚌主要靠人工采捕天然蚌，制插片技术还不成熟，养殖技术总体上处在较低水平，因而产量低，质量差，根本不能与日本等国的先进育珠水平相比。

2. 改进阶段

20世纪70年代末，中国淡水珍珠的育珠技术开始长足发展，主要体现在如下几点：育珠蚌人工繁殖技术成功；开始采用三角帆蚌和褶纹冠蚌作为育珠主要的母蚌；确立了手术蚌小、制片小、工具小的“三小”体系。从这个时期起，中国珍珠养殖基础理论已经逐渐完备，手术与养殖的技术大为改进。一系列的技术改革使珍珠产量、质量、优质珠的比例等不断攀升。到80年代初期，中国的淡水珍珠出口量已跃居世界首位，开始向世界36个国家和地区出口，从而打破日本长期垄断国际珍珠市场的格局。

3. 成熟阶段

20世纪80年代末至今，中国珍珠养殖技术不断

佛像珍珠

中国应该是世界上可考证的最早的人工养殖珍珠的国家。早在12世纪时，中国人的珍珠养殖技术已臻成熟。在13世纪，一般的珍珠养殖发展到佛像珍珠养殖。养珠人将铅或者锡制成的菩萨形核体植入珠母贝体内，将其放回水中养殖，1 ~ 2年之后，佛像的表面被珍珠层所覆盖并形成一定厚度，就可从贝体内取出佛像珍珠（图3-2）。在宗教的影响下，这种浑然天成的佛像珍珠受到人们的喜爱，价值连城。这些佛像珍珠可在国内的博物馆内看到，但是却没有详细的养殖方法的记录的记载。我们只能通过《文昌杂录》中的有关记载推测，当时的珍珠养殖技术已经较为成熟。我们仍可根据现存的佛像珠这一事实及《文昌杂录》中的有关记载，推知当时流行的养珠法已与现代养殖法相差无几。“佛像珍珠”这一技术在当时成为震惊世界的一大成就。

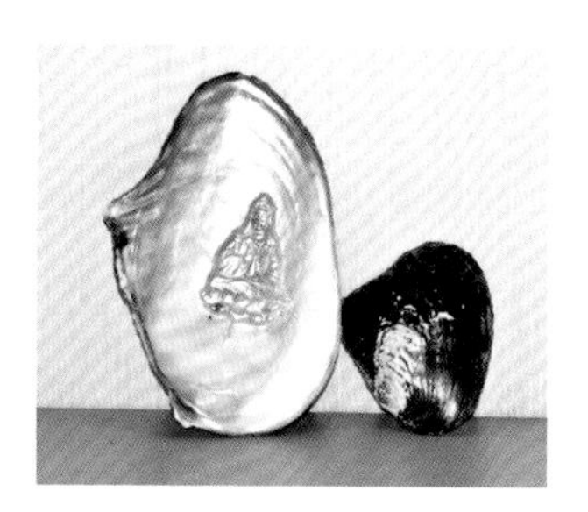

图3-2　佛像珍珠

发展，并渐趋完善。在此期间，中国珍珠养殖业和技术工作人员克服困难，探索出了一整套的快速育蚌的方法，改良了蚌种，并改进了手术技术，缩短了生产周期，提高了珍珠的产量和质量。

第二节　珍珠的成因

珍珠的养殖，根据其生长环境可分为淡水养殖和海水养殖；而根据养殖方法，可分为无核养殖与有核养殖。无核养殖多为淡水养殖，有核养殖则在海水和淡水中均可进行。要了解珍珠的养殖，首先要了解珍珠的成因。

一、古代的珍珠成因说

古人对珍珠成因的探讨，最初大多带有神话色彩。如“滴露成珠”之说，认为露水掉到海里被展开的贝壳接住，就形成了一颗闪亮的珍珠。还有一说叫“鲛人泣珠”。鲛人，即传说中的美人鱼。晋代《博物志》记载有“鲛人从水出。寓人家积日，卖绡将去，从主人索一器，泣而成珠，满盘以与主民。”后来人们又根据珍珠形成的表观现象，作出了种种推测。如潘岳在《沧海赋》中说“煮水而盐成，剖蚌而得珠”，汉代刘安《淮南子》曰：“明月之珠，螺蚌之病而我利也”；梁代刘勰《文心雕龙》也有“蚌病成珠”的记载。可见，古人对蚌受异物刺激而形成珍珠已经有了初步认识。

二、近代的珍珠成因说

随着科技的日益发展，人们对珍珠成因才有了科学的认识。

概括说来，现代珍珠成因的理论主要有四种：一是异物成因说；二是珍珠囊成因说；三是外套膜片体内移植成因说；四是表皮细胞变性成因说。

（一）异物成因说

16 世纪中叶，人们对珍珠的成因开始有了较为科学的认识。1554 年，Rondelet 认为贝类的病变发育形成珍珠。1600 年，Anselmus de Boot 认为是贝类过剩的体液形成珍珠。1671 年，Redi 认为是进入贝壳的沙子被贝壳体液包裹形成珍珠。1673 年，Christopher Sandius 认为贝类的卵的残余在贝体内形成珍珠。1830 年，Von Baer 等从天然海水及淡水产珠贝中发现以吸虫、绦虫的幼虫、头部或卵作为核的珍珠，因而提出珍珠是以寄生虫作为核而形成。寄生虫成因是最早的珍珠成因理论。

（二）珍珠囊成因说

1858 年，在寄生虫学说的研究基础上，Hessling 提出珍珠以寄生虫的残体为核，在其周围形成珍珠囊，珍珠囊分泌珍珠质，附着在核上，逐渐形成珍珠。随后，这一理论得到了进一步的发展与完善。概括说来，珍珠囊成因说就是珍珠由于外套膜上皮细胞受到外物或外力的刺激和作用，局部地陷入到外套膜内部的结缔组织中或贝体其他部分的组织中，形成珍珠囊，珍珠囊内的上皮细胞围绕异物或分泌物等核心分泌珍珠质而形成的。

（三）外套膜片体内移植成因说

1913 年，Alverdes 用实验把分开的外套膜表皮细胞注入外套膜组织内，使之形成珍珠囊，最后获

得了珍珠。日本的见濑长平和西川藤吉在早几年时，成功地用实验获得珍珠。这两位科学家的研究成果，以特许权的形式在日本发表，证实了外套膜片体内移植成因说。Alverdes、见濑长平、西川藤吉等科学家的研究方法，后来被加以改进，大大地超出了外套膜的范围，而将外套膜小片移植到贝类的生殖巢和消化盲囊组织之内，逐渐发展为今天的人工养殖方法。

（四）表皮细胞变性成因说

Carl（1910）提出珍珠囊表皮细胞只是由一层细胞构成，它可分泌介质壳、棱柱层和珍珠质三种物质。1925 年，Grobben 发现珍珠囊壁在压力变化时分泌机能也发生变化，并以此来解释珍珠的成层变化。后来经过浜口文二、松井佳一等的实验研究发现，除外套膜外，闭壳肌的表皮细胞也会在机械药物刺激或病变后，机能发生变化，而使这部分表皮细胞异常增殖，产生褶皱和凹陷并形成许多珍珠囊，生成细小的客旭珍珠。表皮细胞变性学说比较合理地解释了细小的客旭珍珠的成因。

总而言之，珍珠是产珠软体动物的外套膜分泌的珍珠质层层包裹而成的。当外来的沙粒、珠核或外套膜块进入这些软体动物的外

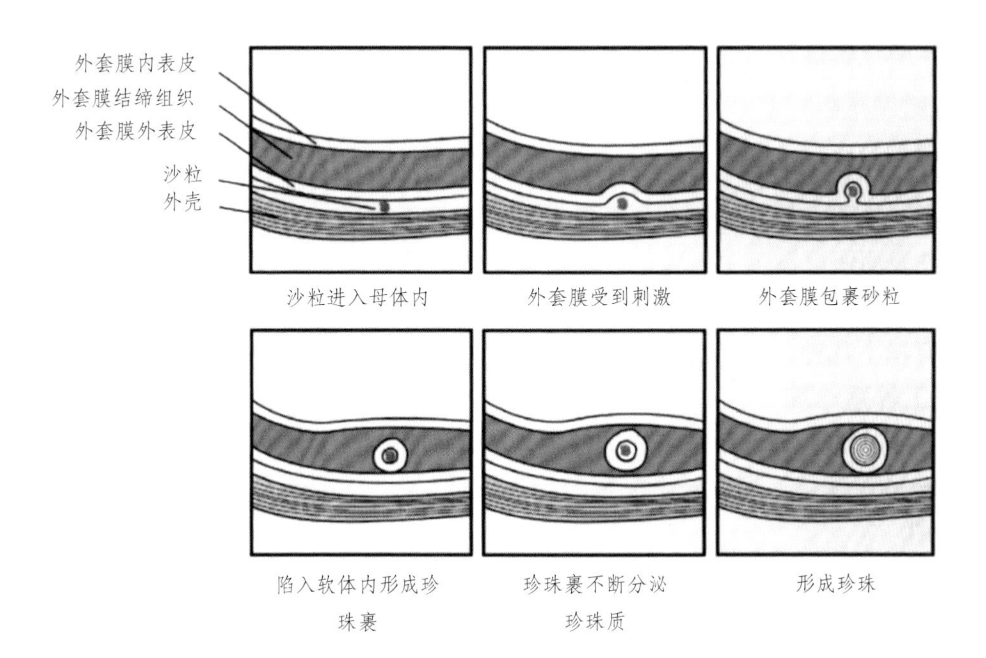

图 3–3　珍珠的形成过程图解

套膜时，由于受这些外来物质的侵入、刺激，蚌类的防御机制使得其外套膜分泌出黏液（也就是碳酸钙和有机质构成的珍珠质），将它们一层一层地包裹起来，即形成一层层呈叠瓦状的同心珍珠层，一般每一层代表一个生长季节，经过一段时间的生长便形成了珍珠（图 3–3）。

第三节　养殖珍珠的种类

一、有核养殖珍珠

有核养殖珍珠是指人为地将制好的、一定规格

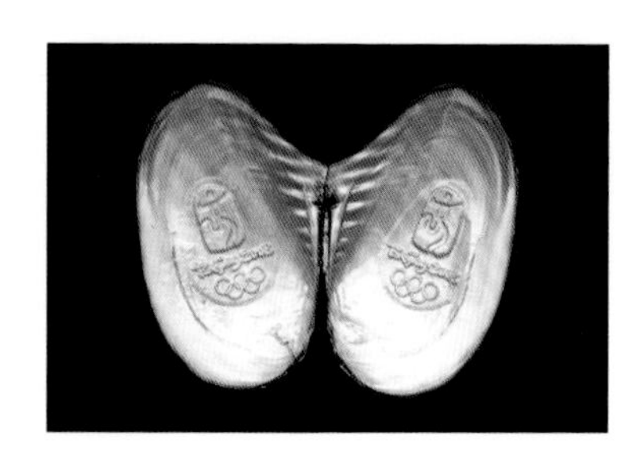

图 3-4　奥运会徽蚌

的珠核植入贝蚌体内，刺激其分泌珍珠质，而将珠核逐层包裹起来而形成的珍珠。有核养殖珍珠的特点就是有一个用蚌壳制成的球形珠核，珠核一般采用贝壳制成，形状大多为圆形，也有水滴形，甚至是佛像、人像、动物、字符等其他图案，可生长出具有观赏价值的“模型珍珠”（图 3-4）。珠核被母贝分泌的珍珠质包裹起来，经过一定时间的生长，形成有核珍珠。

二、无核养殖珍珠

无核养殖珍珠是指在人为植核过程中，不采用外来物质做珠核，而是取用母蚌外套膜切成小片，植入成珠蚌的结缔组织内，刺激其形成珠囊分泌珍珠质形成珍珠。无核珍珠的特点是没有外来的物质做核心，外形不规则。目前，一般淡水珍珠采用无核养殖技术。这种方法养殖的珍珠形态差异很大，在很大程度上取决于被植入的外套膜的形态。但该种养殖方法产量高，目前在淡水养殖的珍珠中已占有相当重要的地位。

商业上常说的客旭 (keshi) 珍珠是指那些数量较大，外表呈黑色和白色，形状古怪不规则的无核海水养殖珍珠。优质的客旭珍珠以其强的珍珠光泽和彩虹色而著称。南洋珠中有较好质量的客旭珍珠产出。

三、附壳珍珠

附壳珍珠是指在海水珠母贝或淡水河蚌的壳体

内侧特意植入半球形或四分之三球形等非球形珠核而生成的珍珠，将珠核置于软体动物的壳与外套膜之间，将置核后的该软体动物放入水中养殖数年，珠核上面就会覆盖一层天然钙质膜。因珠核扁平面一侧常连附在贝壳上，也叫贝附珍珠。

四、再生珍珠

再生珍珠是指采收珍珠时，在珍珠囊上刺一伤口，轻压出珍珠，再把育珠蚌放回水中，待其伤口愈合后，珍珠囊上皮细胞继续分泌珍珠质而形成的珍珠。

五、Mabe 珍珠

附壳珍珠的加工方法各异。通常是将贝附珍珠中的珠核去除，换上新的小珠，或用蜡充填其间，

图 3–5　马贝珍珠

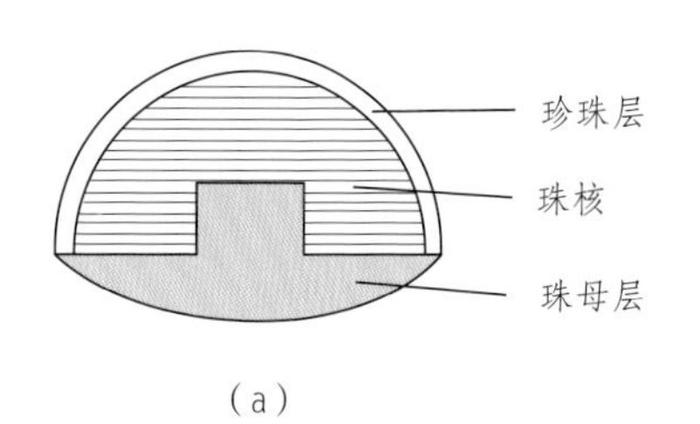

(a)

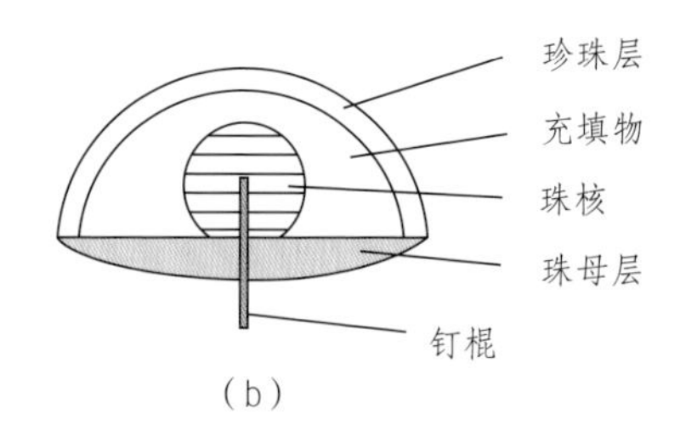

(b)

图 3-6　马贝珍珠剖面图

然后再拼上一块珠母层加工成一圆形珍珠，称为马贝（Mabe）珍珠（图 3-5，图 3-6）。有时将后部切掉，然后在半形珠上粘上一层珠母质，经车、磨、抛光后形成一个拼合珍珠。

第四节　淡水无核珍珠的养殖

目前，我国在淡水无核养殖珍珠方面占据着垄断性的地位，全球 99% 的淡水无核养殖珍珠产自中国。养殖的主要区域分布于浙江、江苏、安徽、湖北、湖南和江西等地。

一、育珠河蚌的类型

（一）育珠河蚌的类型

我国所产河蚌中能够培育珍珠的蚌类约 10 多个品种，如三角帆蚌（图 3-7）、褶纹冠蚌、背角无齿蚌、圆背无齿蚌、背瘤丽蚌等，目前在生产上运用最广、

图 3-7　三角帆蚌

养殖珍珠价值最大的是三角帆蚌和褶纹冠蚌（表 3-1）。

表 3-1　淡水无核养殖珍珠的育珠蚌外观形态、主要分布区域及习性

	外观形态	主要分布区域	习性
三角帆蚌	蚌壳大而扁平，外形略呈不等边三角形，壳面黑色或棕褐色，厚而坚硬，长近 20cm，后背缘向上伸出一帆状后翼，使蚌形呈三角状。后背脊有数条由结节突起组成的斜行粗肋	我国特有的淡水蚌类品种，广泛分布于湖南、湖北、安徽、江苏、浙江、江西等省	喜栖息于浅滩泥质底或浅水层中
褶纹冠蚌	壳大，成年蚌长近 30cm，10cm，高 17cm，呈不等边三角形，前背缘突出不明显，后背缘伸展成巨大的冠。壳后背部有一列粗大的纵肋，铰合部不发达，左、右壳各有 1 枝大的后侧齿及 1 枚细弱的前侧齿	在日本、俄罗斯、越南和中国的黑龙江、吉林、河北、河南、山东、安徽、江苏、浙江、江西、湖北、湖南、广东、广西、福建等省区均有分布	褶纹冠蚌为淡水底栖贝类，也是我国主要的淡水育珠蚌，它一般栖息于缓流及静水水域的湖泊、河流以及沟渠和池塘的泥底或泥沙底里

（二）育珠河蚌的生活习性

要培养出优质的珍珠，首先要保证育珠河蚌的健康。所以在养珠前要按着育珠河蚌的生活习性（表 3-2）选择适宜的水域。

表 3-2　育珠河蚌的生活习性

水深	水流	溶氧	水温	酸碱度	盐度	饵料	光照
2m 以下	适度水流	3mg/L 以上	15 ~ 30℃	pH=7 ~ 7.5	含盐量 10mg/L 以上	浮游生物和有机碎屑为主	适宜光照

二、淡水无核珍珠的培育

淡水无核珍珠养殖过程大概分为四个阶段：珠母蚌培育、手术插植、珍珠长成和珍珠采收。

1. 珠母蚌培育

生产上采用的河蚌一般使用天然河蚌或育珠蚌作为珠母蚌。为适应现代化的大规模养殖,现在养殖场一般都采取人工孵化育苗（图3-8）。

珠母蚌的培育工作应从前一年秋季开始，通常是把雌雄亲蚌按2：1比例进行性比组合，集中吊养在水层中进行培育。河蚌育苗要通过寄主鱼（俗称采蚴鱼）来繁殖。采蚴鱼要求在繁殖前一年的冬季开始收集。

在繁殖期，受精卵即在鳃丝间进行胚胎发育，一直进行到钩介蚴虫成熟。此时放入采蚴鱼，钩介蚴虫全部附着到采蚴鱼鳃和鳍等部位寄生。在20℃的常温下，约经10天左右的培育，即可完成变态发育而脱离鱼体落入池底，变成稚蚌。

从鱼体上脱落下来的稚蚌苗，培育成1.5cm大小的幼蚌，称为前期培育，把1.5cm大小的幼蚌培育成5～6cm可施行植珠手术作业的仔蚌时，称为后期培育。前期培育主要在2～4m深的水泥池中进行流水育苗，后期培育则在池塘、网箱或低洼田等二级培养池中进行。

图3-8　珠母蚌培育场景

放苗时应选择晴好的天气进行，每一口网箱放苗120～150只为宜，将蚌苗缓缓地倒入网箱中，让其均匀自然地沉入网底。

蚌苗落箱后的管理主要是及时补充底泥和调节水质，保持水位。

2. 手术插植

（1）手术前的准备

15 ~ 20℃是手术操作的最佳适宜温度，所以每年的 3 ~ 5 月和 9 ~ 10 月是手术的最好季节，这也正与手术蚌龄和大小所处的季节相吻合。在这个温度时，蚌的新陈代谢旺盛，伤口愈合快，珍珠囊形成快，珍珠质分泌沉积快，形成的珍珠质量也比较好。水温 30℃以上手术操作死亡率高，水温低于 10℃以下伤口不易愈合。

手术必备的工具有开蚌刀、分膜镊、手术剪、切片刀、开壳器、钩针、送片针、手术架、盒子、固口塞等植片工具，还要有手术操作台、盛蚌容器等（图 3-9），手术规模较大，植蚌数量较多时，还应建室内流水设施等。

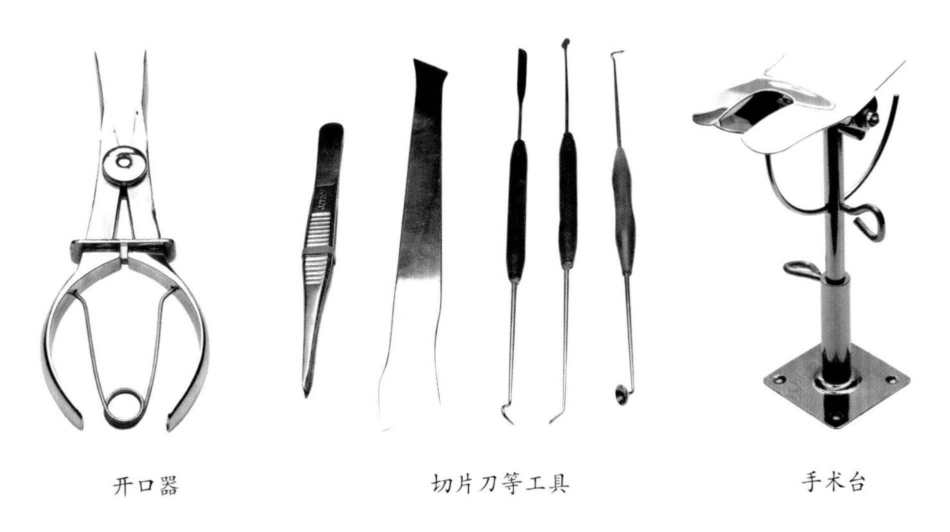

开口器　　切片刀等工具　　手术台

图 3-9 手术必备的工具

（2）选择手术蚌

手术蚌的选择主要是对蚌的年龄、体质、形状和大小进行选择。当年培育的仔蚌要求越冬前80％以上的达到7～9cm，并于当年的9～10月份将这部分仔蚌进行手术植片，余下的可在第二年植片完毕。手术蚌的年龄以一龄蚌最佳，二龄蚌次之，三龄以上性已经成熟，则不可用了。手术蚌要求健壮、无病伤、内脏团饱满、外套膜较为肥厚。体质差的仔蚌可在催肥后再行手术。外购蚌一定要暂养一段，使其适应水域环境和恢复体质以后才能施术。手术蚌一般选取腹圆型和圆鼓型的仔蚌作植片蚌，余下的做小片蚌。

（3）制取细胞小片

细胞小片制取部位只宜采用边缘膜部位的上皮组织，其他部位组织的分泌功能已经衰退，不宜取用。目前常用的制取细胞小片的方法是撕膜法。步骤是剖蚌→剪条→撕片→切片→滴注保养液。

(4) 移植细胞小片

小片制好后要立即插植到植片蚌的外套膜中，其步骤是：开壳固塞→挑片→创口送片→整圆→拔塞→刻号（图3-10）。细胞小片移植数每只蚌20～30片，时间要求3～4min完成一只蚌的移植任务。

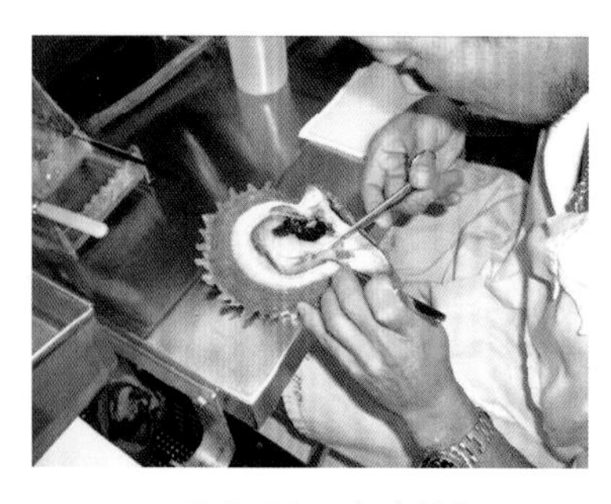

图3-10　珍珠植核

3. 珍珠长成

珍珠养殖水域一般在10亩左右，水深控制在1.5～2.5m。池底以黏壤土为宜，有排灌设备，水源比较丰富。

图 3–11　珍珠吊养

目前用的养殖方法为水面吊养法（图 3–11）。珍珠吊养深度应根据不同季节确定，一般以距水面 15 ～ 25cm 为宜。

4. 珍珠采收

珍珠的养殖时间为 3 ～ 5 年。采珠季节一般是在每年冬季和春季，以 10 ～ 11 月份为宜（图 3–12），这一季节水温低，育珠蚌即将进入停止生长阶段，珍珠质分泌机能降低，珍珠生长缓慢。已育成的珍珠质地细腻光滑。

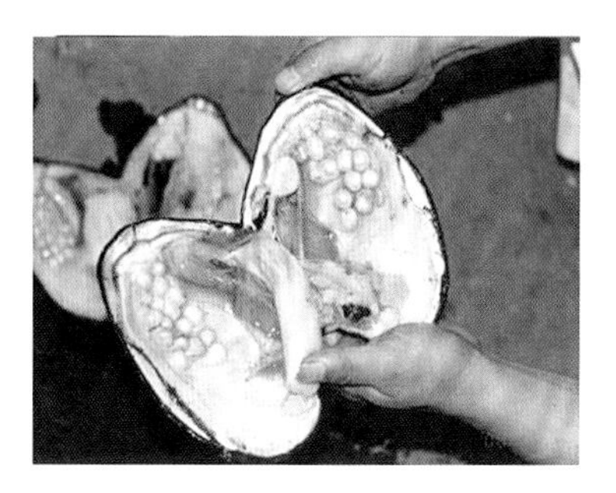

图 3–12　珍珠采收

采收出来的珍珠，要立即进行洗涤处理。否则，珠子表面的黏液和污物如放置过久，会使珍珠表面的光泽暗淡，影响珍珠的质量。珍珠采收后要进行初步的等级划分。

一般来说，河蚌育珠养殖时间越长，珠粒越大，珠层越厚，珠光越亮，卖价也越高。

第五节　海水有核珍珠的养殖

一、育珠贝类型

海水有核养殖珍珠育珠贝类型很多，主要有马氏贝、白蝶贝、黑蝶贝、金唇贝、银唇贝、企鹅贝等（表3-3，图3-13）。

表3-3　海水有核珍珠育珠贝类型特征

	外观形态	主要分布区域	习　性
马氏珠母贝	成体壳长60～70mm，左右两壳隆起显著，壳面呈茶褐色或黄褐色，壳内中央有光亮的珍珠层，呈银白色略带虹彩或黄色	中国广东省的大亚湾、广西的北部湾一带	一般生活在较宽敞的外海性海湾海岸和沿岸自低潮线至10m水深左右的海区。一般在沙泥混有石砾及贝壳碎屑的底质处生长。适温范围在10℃～35℃之间，在此范围内水温越高生长速度越快。一般寿命为11～12年。对海水盐度要求较高，最适宜的海水密度在1.020～1.025g/cm^{3}之间
白蝶贝	形状像碟子，其个体很大，一般体长25～28cm，体重为3～4kg。据记载，最大者体长达到32cm以上，体重达5kg，比马氏珠母贝大25～30倍，是珍珠贝类中最大的一种，也是世界上最大最优质的珍珠贝	菲律宾以南的印度洋－太平洋海区，主要产地有澳大利亚、菲律宾、马来西亚、印度尼西亚等国的热带沿海，在中国主要产于海南省和雷州半岛	喜栖息在珊瑚礁、贝壳、岩礁、砂砾等地质海区，以足丝营附着生活。栖息水深可达200m，以20～50m为最多，栖息水温范围为15.5℃～30.3℃之间，最适水温为24℃～28℃，水温降至13℃时，基本停止活动。白蝶贝系滤食性贝类，主要以藻类为食，还兼食甲藻、纤毛虫等

续表

	外观形态	主要分布区域	习　性
黑蝶贝	黑蝶贝的个体比马氏贝大，成体壳高 100 ~ 150mm，壳面黑色、黑褐色或茶褐色，壳内面珍珠层厚，呈银白色，略带虹彩，边缘暗灰或墨绿色	主要生长于法属波利尼西亚环珊瑚礁海域，库克群岛，巴拿马岛以及墨西哥海湾等，另外在南中国海涠洲岛海域一带也有少量黑蝶贝	平均寿命可达 30 年
企鹅贝	贝体呈斜方形，壳面黑色，被有细毛，形状恰似南极洲的企鹅而得名。壳内面呈银白色，具虹彩光泽，边缘古铜色。其个体仅次于白蝶贝，成贝壳高 150 ~ 180mm，大壳者高达 250mm。体重 1.5 ~ 2kg	分布于菲律宾、马来西亚、印度尼西亚等国的热带沿海及中国的广东、广西、海南岛沿海深水海域	属热带、亚热带外洋性大型贝类，喜栖息在潮流强、盐度高、水深 5 ~ 60m 的海域中

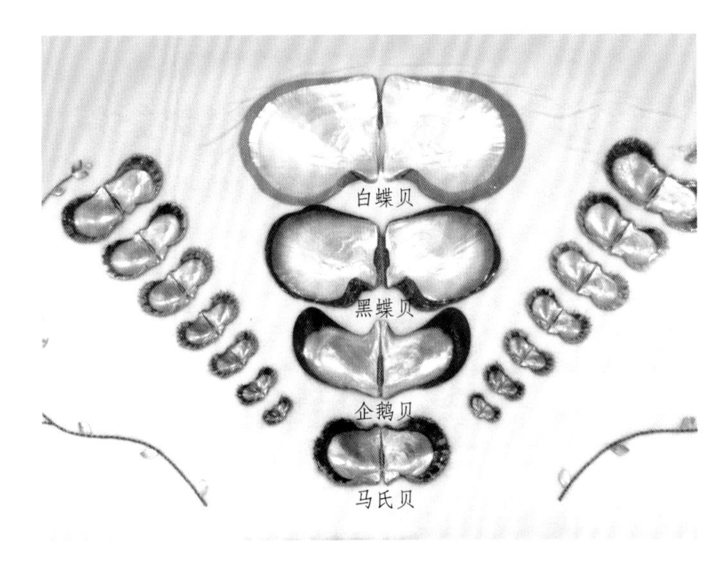

图 3–13　海水珍珠养殖母贝

二、海水有核珍珠的培育

现代大型的珍珠养殖场可以高度组织化地进行海水养殖珍珠的现代化生产。养殖过程一般包括四个阶段：珠母贝培育、珠核植入、珍珠长成和珍珠采收。

1. 珠母贝培育

珠母贝的来源，可由采集野生珠母贝或人工饲养珠母贝获得。在珍珠贝类野生苗源丰富的海湾里，每年繁殖季节都可进行自然采苗。人们潜入 1 ～ 10m 深的海底采集野生珠母贝，继而将它们分散在珍珠养殖场中未被其他珠母贝占用的浅基底上。其中只有一部分健康的珠母贝才能用于养殖珍珠。

人工孵化育苗目前主要采用垂下吊养的方式。这种方式可以利用不同的水层满足各种不同养殖目的。通过调节吊养的水层深度能灵活地防避敌害或减少表层波浪的冲击，也可以使贝类能够迅速生长，缩短养成时间和养殖周期（图 3–14）。人们用一种表面粗糙且不透光的笼子，引诱畏光的珠母贝幼虫前来定居，挂在水下 6m 深处；经过 7 ～ 9 月份的产卵期，11 月提出笼子，不到 $0.1cm^3$ 中有 7000 ～ 10000 个卵。珠母贝接下来在阴暗干净、温度适宜、无杂物和有害生物的水域中生长到第三年的时候，即可收集上来进行挑选。符合质量要求的用于下个步骤插核；贝壳外附着有其他生物体须立即除去；尺寸小者放回再生长一年；变形厉害或太老的就只能抛弃。

图 3–14　海水珍珠养殖
（据 Robert Wan）

2. 珠核植入

珠核的植入是养殖珍珠的关键步骤。

（1）母贝选择及手术前母贝的处理

植核母贝要求不超过 2.5 龄，壳高要求 70mm 以上，个体越大越好，5 龄以上的珍珠贝称老贝，不宜做手术贝。

手术前应对母贝进行生理机能的调节，主要是根据生殖巢的发育情况，抑制生殖巢成熟或促进排放精卵，以抑制为主，并在抑制前给予足够的养分，使其达到良好的健康程度，使之能承受手术所带来的冲击，减少术后死亡，提高珍珠的质量和产量。

为了获得较高的成活率和成珠率，多选择在春季插核，但也有部分在秋天进行。秋季进行的母贝的准备与春季基本相同。

（2）珠核和外套膜小片的制备

用于切去外套膜小片的贝体称为小片贝或细胞贝，要求不超过 3 龄，个体大，壳里面珍珠层为银白色或彩虹色为宜。

小片制备的过程如图 3-15 所示。

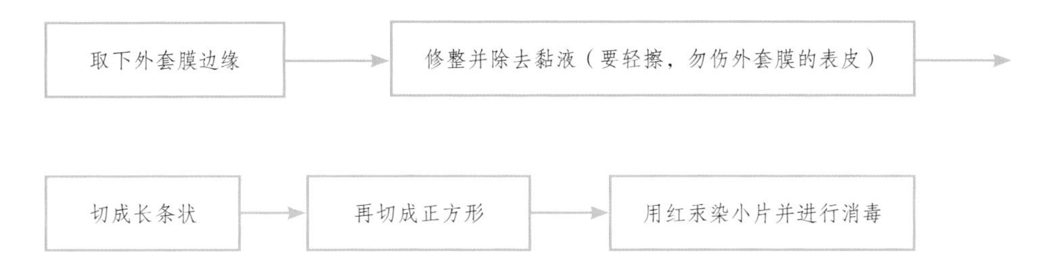

图 3-15　小片制备流程图

珠核通常选择淡水河蚌的贝壳，如背瘤丽蚌、三角帆蚌的贝壳，因为这种蚌的贝壳比较坚硬和厚宽，其外观洁白光亮圆润，且其密度和膨胀系数和海水珍珠的相近，植入母贝后吐核的几率比较小。

珠核在使用前一般用肥皂水或精盐擦洗，再用清水漂洗、擦干，之后收藏备用。

（3）手术

图 3-16　插核操作

手术前，插核人员需准备一套手术工具，包括手术台、开口刀、通道针、送核器、小片针和篦子等，每次手术前所有手术刀具必须清洗干净并进行煮沸或蒸汽消毒。

插核根据操作程序的不同，可分为两种方法（图 3-16）：

①开切口→通道→送小片→送核；

②开切口→通道→送核→送小片。

所有插核位置都是结缔组织的结构。一般每个母贝体内可以植 1 ～ 3 颗珠核。

使用手术工具将每一个小片与一个珠核一起放入其他宿主珠母贝的外套膜切口中，无论是先送核或先送小片，都必须做到把小片紧贴在珠核上，小片和珠核都一定要求到位，并使小片的外上皮面向珠核。如果小片脱离珠核，则小片的上皮细胞在细胞分裂增殖的时候包不到珠核，会形成独立的珍珠囊，最后生成无核珍珠。如果表皮切口太大或通道太宽也容易脱核。快速完成后，将其放入笼中进行休养。

（4）修养

手术后的母贝称为手术贝。将已完成插核手术的手术贝立即拔去木栓，轻放入修养笼。第一个月吊养在水池中或平静的海区，定期检查，开始 2 ～ 3 天一次，后来 5 天至一周一次，及时检出死亡的个体（张口的贝体）和脱落的珠核，并且注意水质的变化，加强营养，消除敌害。

此时期为培养珍珠的最初阶段（图 3-17）。

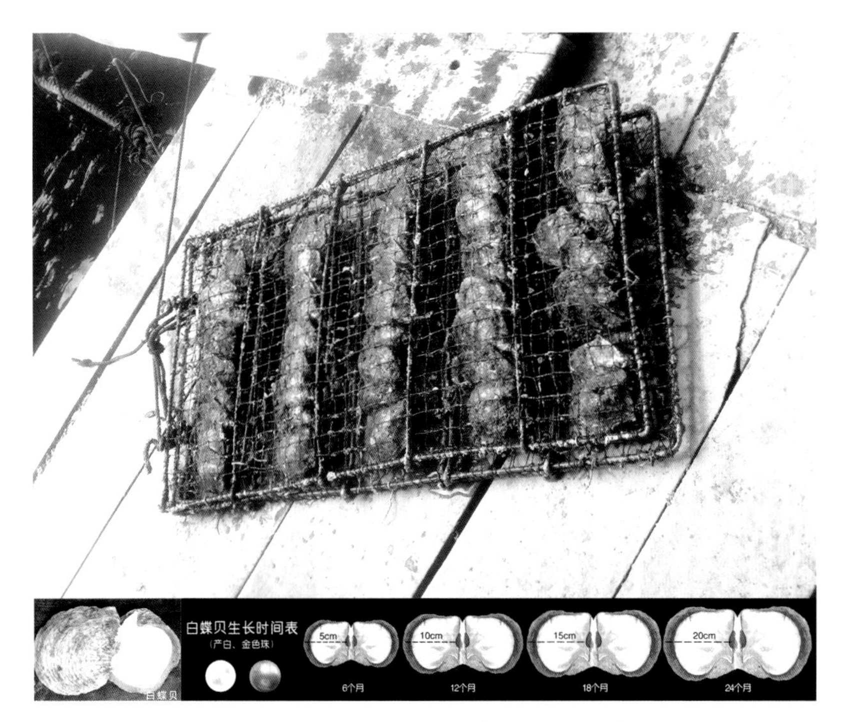

图 3-17　白蝶贝植后排养及生长时间表

3. 珍珠长成

平静的水域、三四月份适宜的水温，适宜外套膜伤口的愈合。这期间，由于珠母贝的排异，达 50% 的珠母贝会死去或吐出植入物。2 周到 3 周之后，珠核开始接受珠母贝分泌的珍珠质。再过 4 周到 6 周，检查珍珠层的发育情况，清除未经受住考验的珠母贝和附着生物。之后的约三年半的时间里，它们不受打扰地正常生长，养殖者定期检查生长情况。

养殖期间要预防珠母贝的天敌，洋流引起的水温突变和由赤潮造成的珠母贝死亡。50% 的成活珠母贝中，能产出珍珠的只有 40%，而其中达宝石级的不过 5%。

4. 珍珠采收

珍珠的采收一般在每年的 11 月至翌年的 2 月。低温条件下，珍珠质的分泌速度减慢，表层比较细致、光滑，光泽较好；反之，如果气温高的时节，珍珠质沉淀快、质地松，光泽暗淡。因而冬季是采收珍珠的最佳时间（图 3–18）。

图 3–18　塔希提黑珍珠采收

CHULI YU JIANBIE

第四章

珍珠的优化处理与鉴别

第四章 珍珠的优化处理与鉴别

第一节 珍珠的优化处理

从珍珠养殖场采收的原珠除了很少部分可以直接用作饰品外，多数珍珠光泽暗淡并带有黏液和污物，需要经过一系列优化加工，以改善珍珠的颜色、光泽和光洁度，使珍珠更为美观，更具有商品价值。珍珠的改善工艺主要包括珍珠优化和处理两个方面。

一、优化

珍珠优化旨在增强珍珠的观赏效果，从而提高其经济价值。在市场上无须明确声明。珍珠优化主要包括预前处理、漂白、增白、上光及修复等工艺流程。

1. 预前处理

预前处理的好坏直接影响到后序工艺的效果。预前处理主要包括分选、打孔、膨化、脱水、光照等环节。

（1）分选

按珍珠层的厚薄、颜色、光泽、形态和大小把珍珠进行大致分类（图 4-1）。因为不同类型的珍珠，其珍珠层厚薄不同，所含有机色素团及杂质致色离子类型不同，含量不等，所需要的漂白剂浓度、漂白时间都有所差异。分选之后，漂白过程中的各种参数都会较好控制，漂白效果会更理想。

图 4-1　原料大小筛选

（2）打孔

打孔要根据珍珠的特点和首饰加工中的要求来进行（图 4-2）。一般来说，加工项链用的珍珠打全孔，做耳环、戒指、吊坠的珍珠打半孔。打孔不仅是首饰加工的需要，而且可以在一定程度上减少或消除珍珠的表面缺陷，最重要的一点是，由于珍珠圈层结构致密，如果不打孔，漂白液很难从表面渗入到珍珠内层，故打孔可以使漂白液渗透珠层而达到分解色素的目的，有利于加快漂白速度、缩短漂白时间，也便于后续脱脂、增白、增光和染色等工序。

图 4-2　珍珠打孔

图 4-3　膨化设备

（3）膨化

膨化一般有两种方法。

一是将珍珠包在纱布内放在去离子水中进行热处理，温度在 60℃～80℃之间，热处理的时间根据珍珠的颜色来决定，一般来说颜色越深，处理时间越长（图 4-3）。包在纱布内可以减少水中的杂质在珍珠表面的沉积。但这种方法对珍珠的伤害较大，已逐渐被淘汰。

二是在常温下直接将珍珠浸于配好的试剂中进行层间渗透，使漂白液发挥最佳效果。

（4）脱水

经过膨化处理后一般都需要进行脱水处理，除去珍珠内的缝隙水、吸附水。

脱水剂一般采用无水乙醇，或采用具有较强吸湿性的纯甘油，还可以用抽真空和烘干的方法。

图 4-4　光照

（5）光照

加工时一般用荧光灯或日光灯照射盛放珍珠的器皿，使漂白液的温度保持在 30℃～50℃的范围内。比较简易的光照恒温装置是光照漂白箱，通常采用波长为 320 ～ 380nm 的紫外光，可有效促使过氧化氢（双氧水）的分解和提高漂白性能（图 4-4）。

图 4-5　增光

2. 增光

主要是改善其光泽。含镁的化合物在弱碱性条件下对珍珠有显著的增光作用。将铝镁复合盐（TPG）加入弱碱缓冲液，搅拌成悬浮液，加入珍珠后搅拌，使珍珠与悬浮液混合后通过自然沉降而被均匀包埋在 TPG 中，水域恒温数天后，对无光泽、弱光泽珍珠有较显著的增强光泽作用（图 4–5）。

3. 漂白

漂白加工是最重要的珍珠优化处理手段（图 4–6）。借助漂白，能把珍珠表层的杂质去除，改善珍珠的色泽，提高它的饰用价值和商业价值。早在 1924 年，人们就将漂白法广泛用于天然和养殖珍珠。漂白是珍珠优化过程中最重要的一环。目前，国外多采用过氧化氢漂白法和氯气漂白法两种。

图 4–6 漂白

（1）过氧化氢 (H_2O_2) 漂白法。将珍珠浸泡于浓度为 2％ ~ 4％的过氧化氢溶液中，温度控制在 20℃ ~ 30℃、pH 值在 7 ~ 8 之间，同时将其暴露在阳光或紫外线下，经过约 20 天的漂白，珍珠即会变为灰白色或银白色，效果好时可变成纯白色。

（2）氯气漂白法。氯气的漂白能力比过氧化氢强，因此使用这种漂白方法不当时会使珍珠变得易碎和易脆，或留下一个白垩色的粉状表面，因此一般不使用这种漂白方法。

4. 增白

漂白不能使珍珠中的色团完全变白，因此利用荧光增白处理是一种很好的方法，它是利用光学中互补色原理来达到增白增色的。使用这种方法对水质要求很高，一般需要将水进行软化处理，使其不含铁、铜等金属离子。目前，日本采用的是第三代增白技术——固体增白。珍珠固体增白处理时间仅几天，其原理可能是通过某种工艺把某种荧光增白剂填充、

渗透到珍珠内层及表面孔隙中，使珍珠表面呈现醒目的银色。

5. 调色

漂白后的珍珠颜色不均，部分珍珠还要经过调色处理，在日本称作“补色”。如果补色补得较深、较浓，不自然，则还要进行去色处理。

珍珠调色根据所使用的染料、溶剂不同，可分为水染、油染和酒精染。

6. 上光

上光即抛光，是一道很重要的工序，其结果直接影响珍珠的光洁度和光泽，好的上光可增强漂白、增白效果（图 4-7）。上光还可使珍珠表面覆上一层薄薄的蜡，以避免珍珠之间相互摩擦引起损伤。

图 4-7　抛光设备

目前采用的上光材料有：小竹片、小石头及石蜡，也有的用木屑、颗粒食盐、硅藻土等，将其与珍珠混在抛光机里一起转动，使珍珠表皮打光。上光后的珍珠应用洗涤剂洗净晾干。

二、处理

（一）染色处理

珍珠的染色可分为两种：染色珍珠和带染色核的珍珠。

1. 染色珍珠

染色可以使珍珠呈现各种各样的颜色（图 4-8），常见黑色、棕色、玫瑰色、粉红色等，其中以染色黑珍珠为主。染色珍珠主要有化学着色和中心染色两种方法。

（1）化学着色是利用珍珠具有多孔结构，染料较容易进入的原理，先用双氧水漂白，使染色效果更好；再加热使其膨化、脱水，让珍珠结构变得更加疏松，使染色能更透彻，着色更稳定；之后将珍珠浸于某些特殊的化学溶液中上色，并根据所需颜色的深浅来确定浸泡时间。

图 4-8　各种颜色的染色珍珠

（2）中心染色法是将染料注入事先打好的孔洞中，使珍珠显色。

2. 带染色核的珍珠

这种技术是在有核养殖珍珠的核植入之前，对珍珠核进行颜色处理，养殖出的珍珠透过珍珠层透漏出核的颜色。养殖出的珍珠颜色主要有海水蓝色、玫瑰红色、翡翠绿色和银灰色。

（二）γ 射线辐射处理

γ 射线辐射法所用放射源为 ^{60}Co，强度为 3.7×10^{13}Bq(相当于 100 居里)，辐射距离约 1cm，辐照时间为 20min，经过辐射的珍珠可产生蓝灰色、绿色、紫色和黑色，处理结果稳定。

（三）剥皮处理

用极细的工具小心地剥掉珍珠不美观的表层，希望在其下部找到一个更好的表层。这种操作难度大，有时一次剥离不当会导致再一次剥离，直至不剩珍珠层为止。

（四）表面裂隙充填处理

珍珠表面的细小裂隙必须及时愈合，以保证珍珠光泽和外观的美丽。具体方法是，将珍珠浸于热橄榄油中，油的渗透使珍珠表面裂隙渐渐“愈合”。如果将温度升至 150℃，珍珠表面将产生深棕色。

第二节　珍珠的鉴别

一、天然珍珠与养殖珍珠的鉴别

天然珍珠非常稀少，目前市场上基本以养殖珍珠为主，二者的价格相差较大，因此，准确的鉴别至关重要。确切地区别天然珍珠和人工养殖珍珠是有一定难度的。唯一的区别在于珍珠内是否有核及核的大小。

1. 肉眼及放大鉴定

天然珍珠质地细腻，结构均一，珍珠层厚，多呈凝重的半透明状，光泽强。养殖珍珠的珍珠层薄，透明度较好，光泽不及天然珍珠好。天然珍珠的形状多不规则，直径较小，而养殖珍珠多呈圆形，粒径较大，表面常有凹坑，质地松散。

2. 强光源照射法

在强光源照射下，慢慢转动珍珠，在适当位置上会看到养殖珍珠珠核的闪光，一般 360° 闪两次，还可见到珠核中明暗相间的平行条纹。

3. 密度法

养殖珍珠的珠核多用淡水蚌壳磨制而成，因此其密度比天然珍珠大。在密度为 2.71g/cm^3 的重液中 80％的天然珍珠漂浮，而 90％的养殖珍珠下沉。但是注意此法只适用于未镶嵌和打孔的珍珠。

4. 内窥镜法

让一束聚敛强光通过一个空心针，针的两端有两个彼此相对的呈 45° 角的镜面。靠里的镜面使光向上反射，靠外的镜面在针管的底端。将针插进珍珠孔中，光束进入天然珍珠的同心层，将会沿圆心层走一圈又回到管中，而当针处于珍珠中心时，反射光会撞击到针的底端，通过珠孔，这时就可在另一端观察到反射光。光束碰到养殖珍珠的珠核时，会沿珠核折射出去，从而无法在另一端观察到亮的闪光现象，而是在珍珠外部见到一种如猫眼一样的条痕（图 4–9）。

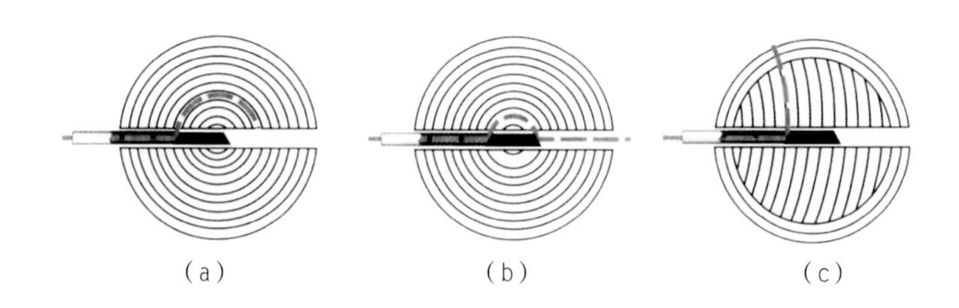

图 4–9　珍珠的内窥镜鉴定
（a）、（b）天然珍珠；（c）养殖珍珠（有核）

5. X 射线法

X 射线法可分为 X 射线荧光检测、X 射线照相和 X 射线衍射法三种。

（1）X 射线荧光：除澳大利亚产的银光珠有弱的黄色荧光外，其他地区产的天然珍珠均不发荧光；而有核养殖珍珠大多数呈强的浅绿色荧光和磷光。

（2）X 射线照相：碳酸钙和壳角蛋白在天然珍珠和养殖珍珠中有不同的分布状态且透明度不同，因此在 X 射线下有不同的反映。天然珍珠的壳角蛋白分布于文石同心层间或中心，在 X 射线照片上显示出明暗相间的环状图形或近中心的弧形，当曝光不当或壳角蛋白分布不规律时，则不会明显出现环形层。养殖珍珠的珠核外包有一层壳角蛋白，它不透过 X 射线，核就被明显地显示出来，所以有核养殖珍珠在底片上呈现明亮的珠核和核外的暗色同心层，在少数情况下，如果珍珠方向摆放合适，核的水平结构亦可显现出来。无核养殖珍珠呈现一个空洞及外部同心层状结构。

（3）X 射线衍射：天然珍珠的核很小，包裹核的珍珠层呈同心圈层分布，所以在天然珍珠中文石晶体呈放射状排列，因此无论射线从哪个方向入射，都与文石的结晶轴垂直，在 X 射线衍射图上产生假六方对称式分布（图 4–10 (a)、(b)）。

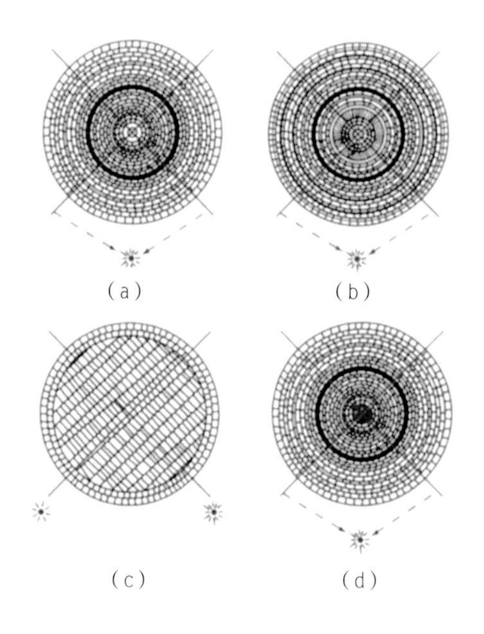

图 4–10　珍珠的 X 射线衍射图

（a）天然珍珠；（b）经过多次养殖的珍珠；

（c）有核养殖珍珠；（d）无核养殖珍珠

海水养殖珍珠的核大多用珠母贝的贝壳磨制而成，具有平行层状结构，衍射图表现为假四方对称的衍射花样，仅在珠核的层状平行方向与外面珍珠层文石晶体排列方向一致时，才呈现出与天然珍珠一样的衍射花样（图 4–10(c)）。也有的用小珍珠作珠核，进行多次有核养殖，其结构类似于天然珍珠，只是整个珍珠层出现几个

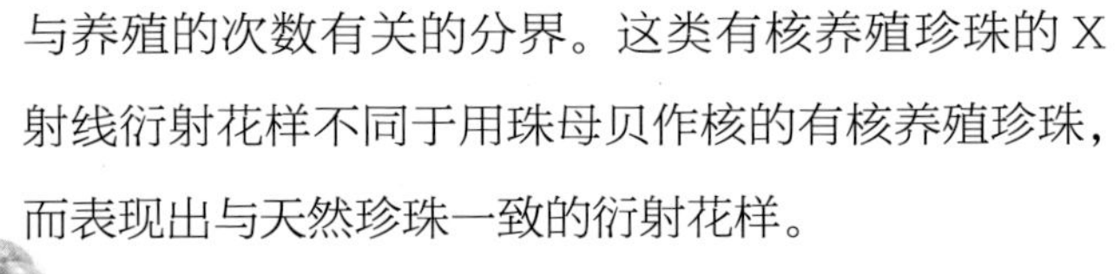

与养殖的次数有关的分界。这类有核养殖珍珠的 X 射线衍射花样不同于用珠母贝作核的有核养殖珍珠，而表现出与天然珍珠一致的衍射花样。

圆形淡水养殖珍珠的衍射图与天然珍珠类似，衍射花样为假六方对称的衍射斑点 (图 4–10 (d))。

目前 X 射线照相与 X 射线衍射是鉴别天然珍珠、养殖珍珠和仿制珍珠最可靠易行的方法，但不易区分天然珍珠与淡水无核珍珠。

6. 磁场反应法

结晶物质在磁场中按晶体结构不同处于一定位置。将珍珠放在珍珠罗盘中时，天然珍珠会始终保持稳定不转动，有核养殖珍珠将会转动，只有当珠核的层理平行磁力线时珍珠的转动才停止。但此种方法仅适用于正圆珠，所以很少使用。

二、染色珍珠的鉴别

1. 染色珍珠的鉴别

（1）颜色特征

染色黑珍珠的颜色均匀，但在有病灶、裂纹的地方聚集的黑色较深，或呈不均匀的斑点状分布，出现局部颜色分布不均匀的现象；不同染料所染的颜色不同，对钻过孔的染色珍珠，其钻孔旁、表面裂隙、瑕疵处有颜色浓集的现象和细小的颜色斑块；同时，肉眼可见珠粒间的串绳上有被染色过的痕迹或者蹭上染料的颜色。

而天然黑珍珠色非纯黑，是有轻微彩虹样的闪

光的深蓝黑色，或带有青铜色调的黑色（图 4-11，图 4-12）。

（2）化学试剂测试

用棉花球蘸上 2% 的稀硝酸溶液在染色黑珍珠表面轻轻擦洗时，棉球上会留下黑色污迹，而擦洗黑珍珠没有这种现象。其他鲜艳颜色的染色珍珠通常采用丙酮擦拭，其颜色展布特征与染色黑珍珠相同，珍珠表面或整串项链的颜色色调和浓淡一致。使用不同染料可以得到不同的染色效果。

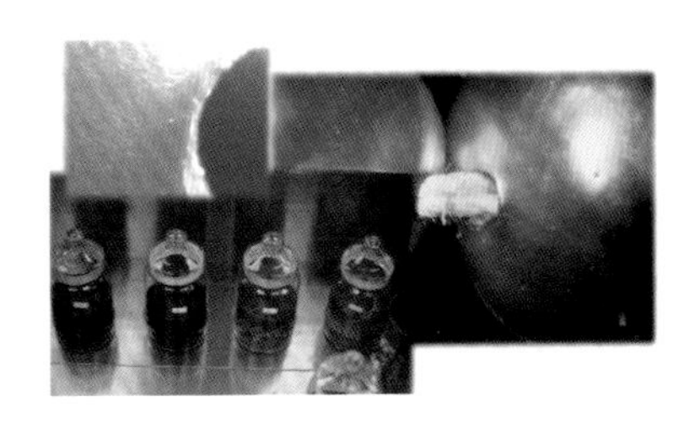

图 4-11　珍珠染色的外观观察
（由 Kenneth Scarratt 提供）

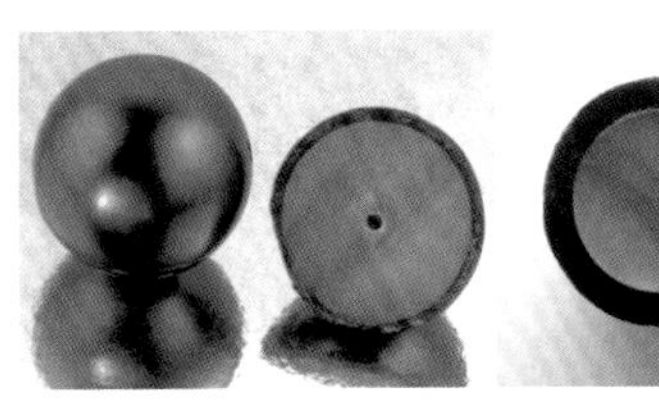

染色黑珍珠的剖面

养殖黑珍珠的剖面

图 4-12　染色黑珍珠和养殖黑珍珠的剖面图

（3）紫外荧光

染色的珍珠在紫外灯照射下多呈惰性；淡水养殖珍珠常出现黄绿色荧光；海水养殖珍珠常出现弱的蓝白色荧光；天然或养殖黑珍珠长波下为暗红色荧光。但发光性只能作为辅助性的鉴定手段。

2. 带染色核的珍珠的鉴别

在反射光下放大观察，很容易观测到颜色浓郁的珍珠核和颜色减淡的珠层。

珍珠表面的瑕疵和裂纹都没有颜色浓集的现象，在孔眼处明显可见颜色很浓的核和生长于核上的无色珍珠层。

在强光透射下，显示明显的核的平行条带，这是因为染剂的渗入使珠母的平行层状结构更加明显。

三、辐照改色珍珠的鉴别

1. 颜色

辐照淡水珠的颜色色调深，晕彩较强，主要为墨绿色、古铜色、暗紫红色或褐黑色，但颜色均匀，没有养殖珍珠伴色的多样性，有金属光泽，但整体感觉不自然（图 4-13）。而天然淡水珍珠没有黑色及孔雀绿色等颜色的品种。所以，只要能够鉴别出黑珍珠是淡水珍珠，其颜色就有可能是改色的。

图 4-13　辐照处理的珍珠

2. 内部特征

放大观察，经辐照改色的有核珍珠，其珍珠质层近无色透明，而珠核透出黑色。

四、珍珠与仿制品的鉴别

人造珍珠的历史极为古老，早在17世纪法国就出现了用青鱼鳞提取的“珍珠精液”(鸟嘌呤石溶于硝酸纤维溶液中形成)涂在玻璃球上，制成珍珠的仿制品投放市场。科学的进步使这一技术更加发展，人造品种仿真性日趋逼真，造成了以假乱真的局面。人造珍珠只是珍珠的仿制品，并不是珍珠，是一种非自然环境的产物，完全依靠人工在一定的生产技术条件、设备及原料制作出来的(图4-14)。当前市场上主要的仿制品种有塑料仿珍珠、充蜡玻璃仿珍珠、实心玻璃仿珍珠、珠核涂料仿珍珠、覆膜珍珠。

图4-14　不同颜色的仿制珍珠

1. 塑料仿珍珠

在乳白色塑料上涂上一层“珍珠精液”(图4-15)。初看外观很漂亮，细看色泽单调呆板，大小均一。其鉴别特点是手感轻，有温感。钻孔处有凹陷，用针挑拨，镀层成片脱落，即可见新珠核。放大检查表面是均匀分布的粒状结构，镀层上无生长纹，具有均匀分布的粒状面。紫外荧光下无荧光，不溶于盐酸。

图4-15　塑料仿珍珠

2. 玻璃仿珍珠

又分空心玻璃充蜡仿珍珠和实心玻璃仿珍珠(图4-16)。两者同是乳白色玻璃小球浸于“珍珠精液”中而成的，只不过空心玻璃球内充满的是蜡质。其共同点是：手摸有温感，用针刻划不动且表皮成片脱落，珠核呈玻璃光泽，可找到旋涡纹和气泡(图4-17，图4-18)，偏光镜下显均质性，不溶于盐酸，无荧光。

图4-16　玻璃仿珍珠

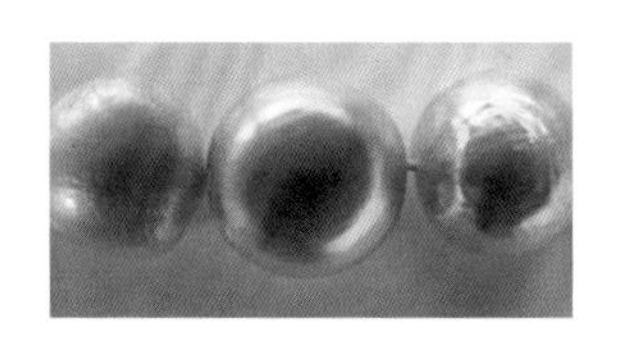

图 4–17　淡水养殖珍珠的表面

图 4–18　仿珍珠的表面

不同点是：空心玻璃充蜡仿珍珠质轻，密度为 1.5g/cm^3，用针探入钻孔处有软感。实心玻璃仿珍珠密度为 2.85 ～ 3.18g/cm^3。

据报道，目前国际珍珠市场上还有一种手感、光泽跟海水养殖珍珠很相似的仿珍珠。这种仿珍珠是将具有珍珠光泽的特殊的生物质涂料涂在一种小球上，再涂上一层保护膜。这种仿珍珠可以假乱真，主要由西班牙的马约里卡 (Majorica)SA 公司生产，因此又称之为马约里卡珠。美国 GIA 宝石研究所对该产品的珠核进行了能量色散 X 射线荧光分析，证明是一种硅酸盐，放大观察可见珠核内部有气泡和旋涡纹，这些特征都表明珠核的材料仍为玻璃。

马约里卡珠与海水养殖珠的区别主要是：马约里卡珠的光泽很强，光滑面上具明显的彩虹色，用手摸有温感、滑感，用针在钻孔处挑拨，有成片脱落的现象。最有效的测试方法是：折射率指数、放大观察、X 射线照相和牙试。马约里卡珠的折射率很低，只有 1.48，显微镜下无珍珠的特征生长回旋纹，只有凹凸不平的边缘。牙齿尖轻擦马约里卡珠时，口有滑感。在 X 射线相片上，马约里卡珍珠是不透明的。

珍珠真假的鉴别方法

在购买珍珠时如何能够辨别真假呢？我们可以通过以下几个简单的无损的方法鉴别。

1. 摩擦。两颗珍珠摩擦会产生粉末，有涩感。而大部分假珍珠摩擦具有光滑感。

2. 外形观察。珍珠的形状不很规则，大小不等，多为近似圆形，表面有天然纹理、瑕疵，光泽中具有多色晕彩；仿制珠形状较规则，接近正圆，大小均匀，外部的光泽单一，呆板。也有正圆形少瑕疵的珍珠，但是量少且价格较高。

3. 触感。珍珠触及皮肤有凉快感，向珍珠呵气，在珍珠表面会形成水汽呈气雾状；仿制珠皮肤触感较光滑，会具有温热感。

4. 嗅味法。仿制珠轻微加热会有异味等。

5. 弹力法。弹性强度依次为：海水珍珠 > 淡水珍珠 > 仿制珍珠。若从 60cm 的高度坠落，海水珍珠弹跳高度可达 15 ～ 25cm，淡水珍珠可达 5 ～ 10cm，而仿制珠的弹跳高度较低。

3. 贝壳仿珍珠

是用厚贝壳上的珍珠层磨成圆球或其他形状，然后涂上一层“珍珠汁”制成的。这种仿珍珠与天然珍珠很相似，仿真效果好，它与珍珠的主要区别是放大观察时看不出珍珠表面所特有的生长回旋纹，而只是类似鸡蛋壳表面那样的高高低低的单调的糙面。

4. 覆膜珍珠

是在珠核表面覆上一层染黑的聚合物essence de orient 膜做成的，也有覆盖其他颜色的膜仿其他种类的珍珠。覆膜珍珠在聚合物薄层里可能存在气泡，易呈现不平整的表层形态，覆层的刮伤、凹坑等也是覆膜珍珠的检测特征。

综上所述，我们将常见的仿制珍珠的鉴别方法总结如表 4-1。

表 4-1　常见的珍珠与仿制珍珠的鉴别特征

	珍　　珠	珍珠仿制品
外观	珍珠呈不同程度的圆形或不规则形。一串项链中的珍珠大小、颜色、形状很少完全一致	仿珍珠一般圆度极好，大小、颜色和光泽都完全一致
表面特征	珍珠表面有等高线状纹理（或称叠瓦状构造），用牙在珍珠表面轻轻摩擦，会有砂质感	表面光滑，用牙齿、摩擦会有滑感。使用这种方法要十分小心，尤其对高档品，否则会损害珍珠 镀层的仿制珍珠在强光透射下可见细小斑点
内部特征	从珍珠孔眼处放大观察可见其同心层状结构	没有同心层状结构 镀层仿珍珠在孔眼处易见镀层剥落的现象。涂层玻璃珠孔眼附近可见玻璃光泽及贝壳状断口

续表

	珍　珠	珍珠仿制品
相对密度	天然珍珠：2.73	塑料珠：1.05 ~ 1.55 实心玻璃珠：2.33 ~ 3.18 填蜡的玻璃珠：1.5 涂层壳珠：2.76 ~ 2.82
紫外荧光	大多数珍珠在长波紫外线下显淡蓝白色荧光，也有些为惰性	塑料和玻璃珠在短波紫外线下有时有淡绿色、淡蓝色荧光；涂层壳珠为惰性
以下为破坏性测试，应尽量避免使用		
化学测试	用针尖沾上稀盐酸（浓度为10%）在显微镜下将针尖触及孔眼内部观察有起泡反应	塑料和玻璃无气泡反应
热针测试	用热针触及孔眼内部，珍珠会发出蛋白质烧焦的气味	塑料会发出辛辣味等其他不同于蛋白质烧焦的气味
钢针测试	用钢针刻划不显眼处，能滑动珍珠	在玻璃上会滑开，遇塑料珠会刺入

PINGJIA YU FENJI

第五章

珍珠质量评价与分级

第五章
珍珠质量评价与分级

经过长期的生产实践，古人对珍珠质量、品级划分形成了初步认识，并且归纳出当时的“珍珠评判体系”。如后晋李石在《续博物志·南越志》中记载，“一寸五分（4.95cm）以上为‘大品’，有光彩，一边似镀金者，为‘铛珠’；‘铛珠’次之为‘走珠’，之后依次为‘滑珠’、‘磊螺珠’、‘宫雨珠’、‘税珠’、‘葱珠’。”明代《天工开物》中也记载了类似的珍珠品级划分，“围及五分（1.65cm）至一寸五分者，为‘大品’；小平似覆釜，一边光彩微红，似镀金者，此名‘珰珠’，色光而不甚圆；次则‘螺河珠’；‘次官’、‘雨珠’；‘次税珠’、‘葱符珰珠’。”由此可见，古人对珍珠的质量评价已经包含了颜色、大小、形状、光泽、光洁度等要素。

第一节　珍珠质量评价要素

珍珠的价值主要取决于珍珠品质的优劣。珍珠品质主要包括珍珠的大小、形状、颜色、光泽、光洁度、珍珠层厚度、匹配性等。

珍珠品质的评价，应在白色背景下利用自然光或日光灯进行。

一、颜色

珍珠有着较为丰富的颜色，各种不同的颜色给予人们不同的感受 。珍珠颜色的成因也比较复杂，除珍珠的各种致色色素外，还与珍珠的贝或蚌的种类、植入的珠核、生长的部位、养殖时间的长短、光照、水域类型、水温环境、收获季节等因素有关。一个被植入了珠核的或外套膜的贝或蚌，可能产生各种不同颜色的珍珠，在从贝类或是蚌壳中取出珍珠之前，很难准确地预知珍珠的颜色。

珍珠的颜色是体色、伴色和晕彩的综合。但需要注意的是，并不是所有珍珠都有这三种颜色特征。

（一）体色

珍珠对白光选择性吸收产生的颜色被称为体色，体色是珍珠本身固有的、整体的颜色，它取决于珍珠的各种致色离子、有机色素的种类和含量。根据珍珠的体色，可以将珍珠分为：

白色珍珠：体色为白色，具粉红色、玫瑰色、蓝色或绿色的伴色。这是珍珠的主要品种，约占珍珠产出量的90%。

金色珍珠：浅黄色、米黄色、金黄色、橙黄色等。

黑色珍珠：体色以黑色及灰色为主，并伴有孔雀绿色、海蓝色、多种深浅不一的灰色及彩虹色。

彩色珍珠：珍珠呈现白、黑两种颜色以外的颜色。

（二）伴色

漂浮在珍珠表面的一种或几种颜色被称为伴色。伴色是由珍珠表面与内部对光的反射、干涉等综合作用形成的，其叠加在珍珠体色之上。珍珠一般有各种不同的伴色，最常见的伴色是粉红色、蓝色、玫瑰色、银白色和绿色。人们还常常给这些伴色以各种形象的名字，如银光皮、美人醉、孩儿面、胭脂红、虾肉、锡色（近黑色）等。

对珍珠的中伴色的观察方法是，在珍珠顶端定位一个折射光，伴色就是从顶端到珍珠中央折射光看到的珍珠的颜色。一般而言，黑珍珠的伴色多为绿色和蓝色；粉红色珍珠的伴色为玫瑰色系；白色珍珠具有玫瑰色、粉红色和其他颜色的伴色。

（三）晕彩

晕彩是指在珍珠表面或表层下形成的可漂移的彩虹色，是由珍珠的结构所导致的光的折射、反射、漫反射、衍射等光学现象的综合反映，也称为光彩。晕彩主要有粉红色、绿色、黄色、橙色、蓝色、紫色等或多种色彩组合的彩虹。滚动珍珠以寻找晕彩，可能有两种或更多彩虹颜色出现在珍珠表面或表层。

对颜色的描述一般以体色描述为主，伴色和晕彩描述为辅。

颜色是珍珠质量评价的重要指标，但因各地的民俗、种族、爱好、文化背景和市场流行的需求不同，对颜色的爱好也不尽相同。颜色的流行趋势也会影响不同颜色珍珠的价值。一般而言，珍珠颜色的价差不会太大，但某种颜色的流行需求和稀缺性会较大地影响它们的价格。即便如此，颜色价值的权重也只占珍珠价值的 10% ～ 20%。玫瑰色和粉红色的海螺珍珠的价值一直居高不下，是因为产量极少，也因此导致它们比其他珍珠更为珍贵。黑色珍珠在一些时期市场价格也很高，是因为市场极为流行，也刺激了生产商的大量养殖而使市场价格趋于平稳。所以珍珠的价格也最终受控于市场的供求关系。

二、大小

珍珠的大小主要是指单粒珍珠的尺寸，即近似圆形珍珠的直径长度。正圆、圆、近圆形养殖珍珠以最小直径来表示，其他形状的养殖珍珠以最大直径和最小直径来表示（图 5-1）。珍珠的大小与价值关

图 5-1　不同大小的珍珠

系极为密切，一般言之，越大越贵重，是因为大颗粒的珍珠甚少，一般以小颗粒居多。每增大 1mm，珍珠的价值就会差别很大。中国旧有“七分珠，八分宝”之说，即说珍珠达到八分重（大约直径 9mm）就是“宝”了（珍珠直径和质量的对应关系见表 5-2）。需要说明的是，国际贸易中珍珠有不同的计量单位。

一般国际贸易中，天然珍珠和单颗散珠的质量计量单位为“格令”，又称珍珠哩，4 格令等于 1 克拉（ct）。日本珍珠出口数字用毛美（momme）表示。1 毛美 =3.75 克 =18.75 克拉 =75 格令。毛美（momme）适用于大宗的珍珠贸易。中国淡水养殖珍珠通常以克（g）、千克（kg）为单位出售。

影响珍珠大小的因素很多，其中贝类的大小直接影响着其孕育珍珠的大小，一般来讲，贝体越大，其可产出的珍珠也就越大。对海水珍珠而言，贝体大者可植入较大的珠核，但在珠核得以长大之前贝体排出珠核及死的可能性也随之增加。因此，珍珠越大越稀有，其价值自然也就越高。

一般珍珠的大小按直径大小 (mm) 可分为六个等级，见表 5–1。

表 5–1　珍珠直径与等级的对应关系

名称	直径
厘珠	直径 = 2.0 ~ 5.0mm，一般 < 5.0mm
小珠	直径 = 5.0 ~ 5.5mm
中珠	直径 = 5.5 ~ 7.0mm
大珠	直径 = 7.0 ~ 7.5mm
特大珠	直径 = 7.5 ~ 8.0mm
超级大珠	直径 > 8.0mm

珍珠大小对其价值和价格都有着重大的影响，在同等的条件下，珍珠越大，价值越高（图 5–2）。

图 5–2　大珍珠

表 5-2　未镶嵌珍珠直径与质量的对应关系

圆形珍珠

直径 /mm	质量 /ct	直径 /mm	质量 /ct
2.0	0.06	11.5	10.75
2.5	0.11	12.0	12.22
3.0	0.19	12.5	13.81
3.5	0.30	13.0	15.53
4.0	0.45	13.5	17.39
4.5	0.64	14.0	19.40
5.0	0.88	14.5	21.55
5.5	1.18	15.0	23.86
6.0	1.53	15.5	26.32
6.5	1.94	16.0	28.95
7.0	2.42	16.5	31.75
7.5	2.98	17.0	34.73
8.0	3.62	17.5	37.89
8.5	4.34	18.0	42.23
9.0	5.15	18.5	44.76
9.5	6.06	19.0	48.49
10.0	7.07	19.5	52.42
10.5	8.18	20.0	56.55
11.0	9.41		

圆形马贝（Mabe）珍珠

直径 /mm	质量 /ct	直径 /mm	质量 /ct
9 ~ 10	3.5 ~ 4.0	15 ~ 16	11.0 ~ 13.0
10 ~ 11	4.0 ~ 5.0	16 ~ 17	13.0 ~ 16.0
11 ~ 12	5.0 ~ 6.0	17 ~ 18	16.0 ~ 19.0
12 ~ 13	6.0 ~ 7.5	18 ~ 19	19.0 ~ 23.0
13 ~ 14	7.5 ~ 9.0	19 ~ 20	23.0 ~ 28.0
14 ~ 15	9.0 ~ 11.0		
马眼形马贝（Mabe）珍珠		心形马贝（Mabe）珍珠	
9 ~ 10	5.5 ~ 6.0	15 ~ 16	7.5 ~ 8.5
10 ~ 11	6.0 ~ 6.5	16 ~ 17	8.5 ~ 9.5
11 ~ 12	6.5 ~ 7.0	17 ~ 18	9.5 ~ 10.5

椭圆形马贝（Mabe）珍珠		梨形马贝（Mabe）珍珠		纽扣形马贝（Mabe）珍珠	
直径 /mm	质量 /ct	直径 /mm	质量 /ct	直径 /mm	质量 /ct
12 ~ 13	8.5 ~ 9.5	12 ~ 13	7.5 ~ 8.5	8 ~ 9	2.25 ~ 2.75
13 ~ 14	9.5 ~ 10.5	13 ~ 14	8.5 ~ 9.5	9 ~ 10	2.75 ~ 3.50
14 ~ 15	10.5 ~ 11.5	14 ~ 15	9.5 ~ 10.5	10 ~ 11	3.50 ~ 4.50
15 ~ 16	11.5 ~ 13.0	15 ~ 16	10.5 ~ 12.0	11 ~ 12	4.50 ~ 5.50

注：（1）穿孔珍珠（1mm 标准）：对于直径为 5mm 的所有珍珠，克拉质量要减去 0.01ct。（2）马贝（Mabe）珍珠的质量由于弧面高度和底托的密度不同变化很大。钱币形和纽扣形的珍珠由于其高度不同而变化很大。

三、形状

珍珠的形状是指珍珠的外部形态。珍珠的形成受众多因素的影响，其形状以球形为主，如圆形、椭圆形和水滴形等。此外还有不规则状的异形珍珠（图 5-3）。

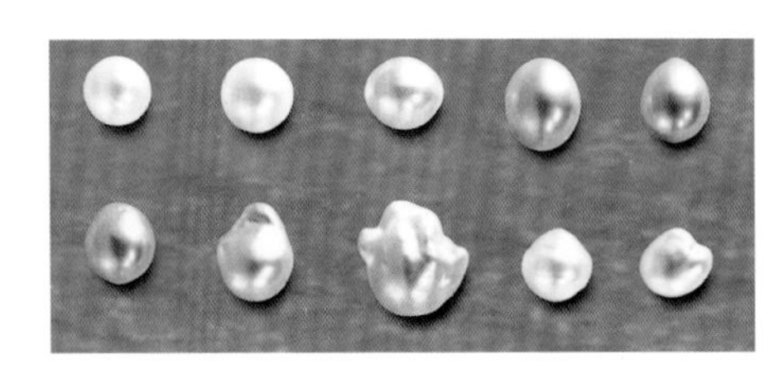

图 5-3　不同形状的珍珠

中国养殖珍珠国家标准将海水珍珠的形状分为正圆、圆、近圆、椭圆、扁平、异形等。俗话说“珠圆玉润”，价值最高的是浑圆的“走盘珠”（指在盘中会滚动不停）。不过，异形珠经过巧妙构思的设计镶嵌后，也可大大提高其价值。

淡水珍珠形态与海水珍珠形态的分类基本相同，但在小类划分尺度上略有差异，国际珍珠标准将其分为圆形类、椭圆形类、扁圆形类和异形类四大类。圆形类分为正圆、圆、近圆三个级别；椭圆形分为短椭圆、长椭圆两个级别；扁圆形分为高形、低形两个级别；异形类仅分异形一个级别。

世界十大名珠

“亚洲之珠”，该珠于1628年在波斯湾发现，为一颗巨型的天然野生珍珠，其形状奇特，略呈圆筒状，大小为76mm×49mm，重605ct，即121g（图5–4）。

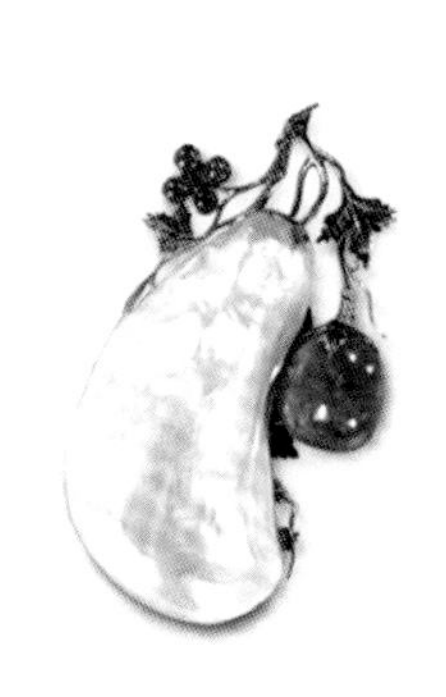

图 5–4 亚洲之珠

图 5–5 霍普珍珠

“霍普珍珠”，被英国伦敦一位银行家收藏，是当时世界上最大的一颗天然野生珍珠，重1800格令，合450ct或90g，其形状十分奇特，酷似圆柱，更神奇的是圆柱的一端呈白色，而另一端呈褐色。这颗巨珠的长度为2.5英寸（6.35cm），腰围3.5～4.5英寸，现藏于英国博物馆内（图5–5）。

“卡罗塔珍珠”，又名墨西哥女皇珍珠，其形状为精圆，重量为86格令，亦即为21.5ct，这是一颗品质极为优异的天然野生珍珠。相传这颗珍珠曾为墨西哥女皇卡罗塔所有，故而得名。

“摄政王珠”，曾属于法国王室，呈卵形，重量为84.25ct，于1887年出售。

“诺蒂加珍珠”是一颗奇异而著名的大珍珠，呈绿色，为鲍鱼贝所产，重量43.75ct，这颗巨珠归诺加夫人所有。

“拉帕雷格林纳珠”其重量134格令，即33.5ct。1560年发现于委内瑞拉，最初赠给西班牙菲利浦二世，到1734年因王宫失火下落不明。

“查理二世珍珠”，1691 年发现，因赠给英国查理二世皇帝而得名，其重量为 28 克拉。

“珍珠女王”是一颗非常漂亮的东方珍珠，重达 27.5ct，已于 1792 年与法国王室的珠宝一起被盗。

“奥维多珍珠”，1520 年有人在巴拿马买到一颗大珍珠，重 26ct，传说当时有人用珍珠重量的 650 倍纯金交换，该珠又称莫来勒斯珍珠。

“拉帕来格林那珍珠”，其重量为 28 克拉，其形状精圆。沙皇时代藏于莫斯科博物馆，是历史极为著名的大珍珠。

四、光泽

光泽又称为皮光、珠光。珍珠光泽指的是珍珠表面反射光的强度及映像的清晰程度（图 5-6）。珍珠光泽的产生是由其多层结构对光的反射、折射和干涉等综合作用的结果。这种光学效应决定了珍珠给人以含蓄、高雅、朦胧、柔和的美感。

图 5-6　不同光泽的珍珠

珍珠光泽一般分为四个等级，分别为极强、强、中、弱（表 5-3）。

表 5-3　珍珠光泽分级

光泽级别		海水养殖珍珠的质量要求	淡水养殖珍珠的质量要求
中文	英文代号		
极强	A	反射光特别亮、锐利、均匀，表面像镜子，映像很清晰	反射光很明亮、锐利、均匀，映像很清晰

续表

光泽级别		海水养殖珍珠的质量要求	淡水养殖珍珠的质量要求
中文	英文代号		
强	B	反射光明亮、锐利、均匀，映像清晰	反射光明亮，表面能看见物体影像
中	C	反射光明亮，表面能看见物体影像	反射光不明亮，表面能照见物体，但影像较模糊
弱	D	反射光弱，表面能照见物体，但映像较模糊	反射光全部为漫反射光，表面光泽呆滞，几乎无映像

珍珠光泽的强弱主要决定于以下原因：孕育珍珠的贝体健康与否、珍珠生长环境的好坏、生长时间长短与速度快慢，这些直接决定了珍珠层的物相组成、有序度、厚度及珍珠的表面瑕疵。一般而言，珍珠层越多，珠层越厚，文石排列有序度越高，则珍珠光泽越强，也说明珍珠的品质越高，寿命越长久；同时，若珍珠表面具有很少的表面瑕疵，且具有较好的弹性，则会更显得圆润均匀，就可以形成一个明亮的、高对比度的表面。

为了判断珍珠（圆形、近圆形或椭圆形）的光泽，可在强烈的顶灯下检查珍珠，观察顶灯灯光在其表面反射的清晰度。反射图像越清晰，珍珠的光泽就越明亮。反之，反射图像越模糊暗淡，珍珠的光泽就越暗淡。也可将条形物（如铅笔）放在珍珠前面，通过观察映像是否清晰、边缘是否模糊来进一步判

断光泽度。

五、光洁度

光洁度是指珍珠表面瑕疵类型和瑕疵多少的总程度（图 5-7）。

理想状态下，珍珠的表面是干净、光滑、细腻的。但由于珍珠是贝蚌自然孕育而成的，所以珍珠的表面会存在一些生命的印记，这些生命的印记就是珍珠表面的瑕疵。珍珠的瑕疵是指导致珍珠表面不光滑、不美观的内外部缺陷，而这些表面的瑕疵的多少会直接影响珍珠的价值。

图 5-7　不同光洁度的珍珠

珍珠珠面常见的瑕疵有：腰线、隆起（丘疹、尾巴）、凹陷（平头）、皱纹（沟纹）、破损、缺口、斑点（黑点）、针夹、划痕、剥落痕、裂纹及珍珠疤等。由于是天然形成，所以很多珍珠都或多或少有些瑕疵。瑕疵的类型不同，对珍珠品质影响程度也有差异。有些瑕疵（如小凹坑）单独出现，对珍珠影响不大；但如果大量出现，则很影响珍珠的美观和价值。瑕疵越大、越多、越明显，珍珠的价值越低。若瑕疵出现在钻孔附近或镶爪附近这类比较隐蔽的地方，则对珍珠的美观影响会小些。

六、珠层厚度

珍珠层厚度是决定珍珠价值的重要因素（表 5-4）。一般情况下，珍珠层越厚，珍珠的光泽越强，珍珠品质也就越好。通常，宝石级珍珠的珍珠层厚度应该在 0.3mm 以上。

养殖的无核珍珠大部或全部由珍珠层构成，而有核养殖珍珠主要由珠核和一定厚度的珍珠层构成。这样一来，珍珠层厚度就成为人们对有核养殖珍珠最关心的问题，也成为最重要的评价因素，因为它直接影响到珍珠的光泽和耐久性。

表 5-4 海水珍珠珠层厚度级别

海水养殖珍珠珠层厚度级别		珠层厚度 /mm
中 文	英文代号	
特厚	A	≥ 0.6
厚	B	≥ 0.5
中	C	≥ 0.4
薄	D	≥ 0.3
极薄	E	＜ 0.3

七、匹配度

由于每个珍珠的最终形成是人类无法控制的，所以需要靠专业人士在每年养殖收获的所有珍珠散粒中去精心搜寻和筛选来找到可以用来搭配成耳钉和项链的一对或一串品质相近的珍珠。匹配度越高的珍珠首饰就越发弥足珍贵。珍珠可以制成多元化的首饰品，如项链、手链、耳饰、戒指等。若以品质的鉴定来说，是针对戒指上单一的珍珠来评定等级,但如果所鉴定的是由多粒珍珠组成的饰品，则必须视整件饰品的珍珠作统一的评定，而并非只取其中的一颗来

决定整件饰品珍珠的品质。对整件饰品珍珠来说，同样必须依照珍珠的光泽、光洁度、形状、颜色及大小来区分等级的高低，并且要求整件饰品的珍珠都整齐划一。习惯上将多粒珍珠饰品中养殖珍珠匹配性级别划分为三个级别：很好、好、一般。

多粒珍珠饰品，最常见的莫过于珍珠项链了。一条珍珠项链需要很多颗珍珠组成，这些珍珠之间品质相近，则看上去整体性好，项链价值就高；如果品质相差很大，就算有几颗是品质很好的珍珠，整体看上去也不协调，项链价值就低一些。

通常，珍珠的级别按照形状级别、光泽级别、光洁度级别、珠层厚度级别、匹配度级别的顺序来描述，如果用英文表示“A2AACA”级别的珍珠，通常是指“形状级别为圆、光泽级别为极强、光洁度级别为无瑕、珠层厚度级别为中、匹配度级别为很好”的海水珍珠项链。而单颗的海水珍珠只需要用前面四个指标来表示，单颗淡水珍珠只需要用前面的三个指标来标识。

第二节　分级标准

珍珠分级标准的制定，对于珍珠产业的健康发展有着十分重要的作用。国外一直十分重视珍珠产业的管理和规范，法属大溪地政府设有专门机构——珍珠产业部、美国宝石学院（GIA）、美国南洋珠协会和日本振兴协会等都出台了珍珠分级标准。我国作为珍珠大国，珍珠产量占世界总产量95%，建立一个完善的珍珠分级体系，对建立广泛适用的报价体系，规范和繁荣我国珍珠市场有着重要的实际意义。2002年，国家质量监督检验检疫总局首次颁布了《养殖珍珠分级》（GB/T18781-2002），对养殖珍珠质量及级别评定进行了文字描述。2008年，相关部门在《养殖珍珠分级》（GB/T18781-2002）的基础上进行了部分的修订，又颁布了《珍珠分级》（GB/T18781-2008）（详见附录）正式代替了标准《养殖珍珠分级》（GB/T18781-2002）。2005年，中国珠宝玉石首饰行业协会在《养殖珍珠分级》（GB/T18781-2002）基础上，开始研制了淡水珍珠实物标准样品和海水珍珠实物标准样品。2008年淡水珍珠实物标准样品正式出台。实物标准样品的出台，为珍珠鉴定、评估、商贸提供了直观、统一的标准，为中国珍珠产业的发展做出了贡献。

一、国外分级标准

国际上著名的宝石报价 Gem Guide 中对珍珠的报价是按珍珠的类型、总品质等级（1 ~ 10级）以及大小进行报价的，其在珍珠评估中具有重要的参考价值。

国际市场上珍珠的质量主要由珍珠的光泽、光洁度、形状、大小、珍珠层厚度、颜色、搭配及钻孔等因素确定，各种分级体系主要依据以上品质因素对珍珠品质进行分级，但具体标准略有不同，具有特定的市场适用性，下面将简要介绍国际知名的几大分级体系:

（一）美国 GIA 珍珠分级体系

美国宝石学会根据珍珠的颜色、光泽、珍珠层厚度、形状、皮光、匹配性六个方面进行综合比较，并打分后确定珍珠串的综合分级，其中100分为最完美的级别，通常10分为最差的品质级别。

总品质级别的计算方法是将各因素的分值分别除以 100 后再相乘，得到的数值再乘以 100，即是总品质级别，采用百分制。

珍珠分级时要求在白光（与钻石分级光源相近）和白色或浅灰色的中性背景下，用肉眼和 10 倍放大镜相结合的方法共同进行。

1. 颜色

以其中黑色、绿色伴色及浅粉色的珍珠为最好，记为 100 分，而蓝色、金色、灰色及银色为最差，记为 10 分。具体分级如图 5-8 和表 5-5 所示。

图 5-8　珍珠的颜色分级

表 5-5　珍珠颜色分级一览表

体色	分数	伴　色
黑色	100	表面带有绿色金属色伴色
	90 ~ 95	表面带有淡红色及微弱绿色伴色
粉红	100	表面有淡红、蓝或绿的伴色
	90 ~ 95	淡粉红，微弱或没有伴色
白色	100	带有粉红伴色
	90	表面有微绿及淡红伴色
	65 ~ 70	表面有绿及淡红伴色
	60 ~ 80	没有伴色
	50 ~ 60	带绿色伴色

续表

体色	分数	伴　色
杏色	80 ~ 90	体色浅奶白色，表面带有淡红伴色
	65 ~ 75	带淡红伴色
	50 ~ 60	中等杏色，没有伴色；或体色杏色且有绿色伴色
	45 ~ 50	深杏色，带淡红伴色
	30	深杏色，无伴色
	10	黄色
金色	15 ~ 25	带淡红伴色
	10	无伴色
蓝色、灰色、银色	15	

2. 光泽

分为最强、强、中、低、劣 5 个级别。具体分级如图 5-9 和表 5-6 所示。

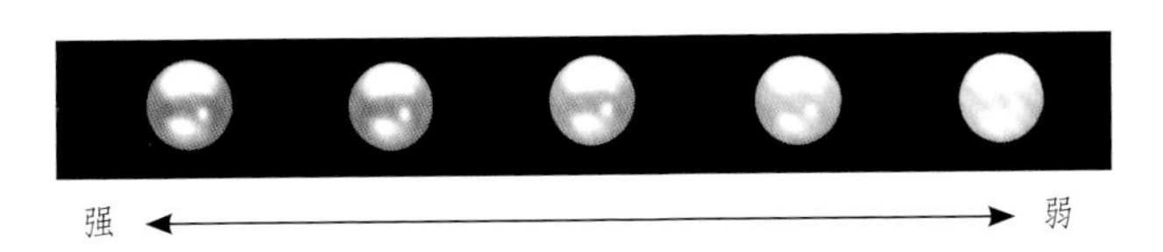

图 5-9　珍珠的光泽分级

表 5-6　珍珠光泽分级一览表

级别	分数	特　征
最强	100	珍珠光泽明亮，均匀反光如镜面反射，反射影像线条清晰
	90	光泽清晰明亮，但不完全均匀
强	80 ~ 75	光泽明亮反光线条均匀，但不完全清晰
	70 ~ 50	反光一般，如日本养珠
中	45 ~ 32.5	光泽较弱，呆滞，珠层较薄的日本养珠及大多数南洋珍珠
低、劣	30 ~ 25	只有模糊反光，反光弱且分散的珍珠

3. 珠层厚度

珠层厚度分很厚、厚、中等、薄及很薄5个级别。具体分级见表5-7。

表5-7　珍珠珠层厚度分级一览表

级别	分数	描　述
很厚	100	全部珠层厚在0.5mm以上
厚	95 ~ 90	一串珠中大部分厚在0.5mm左右
中等	85 ~ 80	一串珠中大部分珠层厚0.35 ~ 0.5mm
薄	75 ~ 60	一串珍珠中大部分珠层厚0.25 ~ 0.35mm
很薄	35 ~ 25	一串珠中大部分珠的珠层厚小于0.25mm，在强光下普遍可见珠核

4. 珍珠形状

分为圆形、大部分圆、近圆形、不规则形、半异形、异形6级。具体分级如图5-10和表5-8所示。

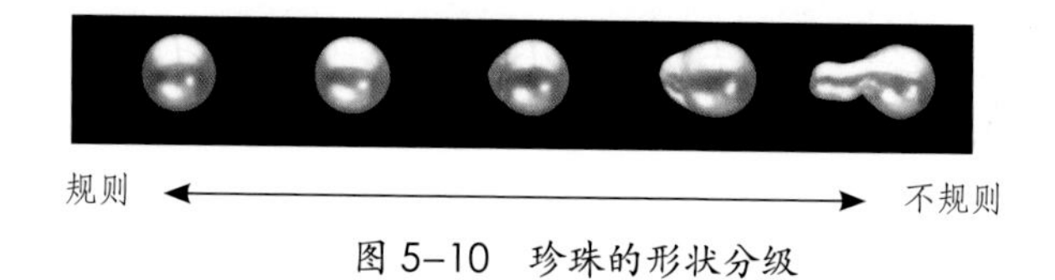

图5-10　珍珠的形状分级

表5-8　珍珠形状分级一览表

级别	分数	描　述
圆形	100	整串珠都是完美的圆形
大部分圆	95 ~ 85	大部分珠都是完美的圆形，只有少部分为近圆形
近圆形	85 ~ 65	串珠有些是圆形，有些是近乎圆形，远看不甚明显，但近看则可见其形状的差异
不规则形	60 ~ 50	一看便可见许多珍珠并不完美
半异形	45 ~ 30	主要由不规则的圆形和其他形状的珍珠组成
异形	25 ~ 10	主要为形态不规则的珍珠组成，如形状配合较好则分较高

5. 皮光

皮光又称光洁度，主要指珍珠表皮瑕疵的明显程度，分为完美、微瑕、瑕疵、重瑕四个级别。具体分级如图 5-11 和表 5-9 所示。

图 5-11　珍珠的光洁度分级

表 5-9　珍珠表皮瑕疵程度分级一览表

级别	分数	描　述
完美	100	大部分珍珠都非常完美无瑕，只有极少数有细小瑕疵
微瑕	95 ~ 80	很多珍珠无明显的瑕疵，少部分细心观察才有小瑕疵
瑕疵	75 ~ 60	大部分的珍珠都有瑕疵
重瑕	55 ~ 25	大部珍珠都可见瑕疵，根据瑕疵的明显程度高低来定分

6. 珍珠的匹配

分为很好、好、中及差四级。具体分级见表 5-10。

表 5-10　珍珠匹配度分级一览表

级别	分数	描　述
很好	100	全部珍珠的质量一样，钻孔正中，如属于渐进式，其配合柔和均匀
好	95 ~ 90	可有 1/4 左右的珍珠钻孔不正或配合稍差
中	85 ~ 80	约有 1/3 的珍珠有明显的差别或配合有明显的不协调
差	75	多于 1/3 的珍珠配合有明显的不协调，如质量不一、钻孔不定或大小不一而又不具依次变化

（二）日本阿古屋海水养殖珍珠

日本把海水养殖珍珠按形状、颜色、光泽、瑕疵、匹配性五个方面进行分级评分,又按形状分为圆形类和异形类两大类分别评定。

圆形类珍珠按照各因素的级别得分相加算出总的分数，总质量分为10级：质量1(1 ~ 10分)、质量2（11 ~ 20分）、质量3（21 ~ 30分）、质量4（31 ~ 40分）、质量5（41 ~ 50分）、质量6（51 ~ 60分）、质量7（61 ~ 70分）、质量8（71 ~ 80分）、质量9（81 ~ 90分）、质量10（91 ~ 100分）。

异形类珍珠按照各因素级别得分相加算出总的分数，因异形珠影响因素复杂，分级时需根据实际情况在总分基础上做适当调整，总质量分为3级：质量1(1 ~ 10分)、质量2（11 ~ 20分）、质量3（21 ~ 30分）。

若珍珠可见珠核光泽得0分，则珍珠直接归为质量1级别；若珍珠其他因素级别得到0分，则总质量级别分数降低20%。

（三）French Polynesia 塔希提黑珍珠的分级

黑珍珠的分级除了考虑一般珍珠的分级标准外，珍珠的伴色是很重要的因素，在大小、圆度和伴色基本相同的条件下，塔希提黑色养殖珍珠根据皮质及光泽分为A、B、C、D四级（表5-11）。

表5-11 French Polynesia 塔希提黑珍珠的分级一览表

级别	描述
A	黑珍珠表面无瑕疵或者肉眼可见的个别瑕疵占整个表皮10%以下，光泽很好
B	黑珍珠肉眼所见到的瑕疵占整珠面积1/3以下，且有较好光泽
C	黑珍珠肉眼所见瑕疵在整珠面积1/3 ~ 2/3之间，而光泽较好
D	表皮有较多明显的瑕疵，且光泽不论好坏，但珍珠表面至少被80%珍珠质所包裹的黑珍珠

一般认为黑珍珠中具孔雀绿伴色的是最珍贵的,而具有粉红色、金属铜紫色、金色和蓝色的黑珍珠也会有更好的价值。

二、中国分级标准

根据《珍珠分级》（GB/T18781–2008）的相关规定，中国珍珠分级标准主要对大小、颜色、形状、光泽、光洁度、珠层厚度（海水珍珠）、匹配性等七个方面进行评判，为便于操作，与之配套制作了中国珍珠实物标准样品。其中，对于形状、颜色两个因素因消费者喜好不同，在珍珠分级中作为推荐执行标准。与 GIA 珍珠分级标准不同的是，中国珍珠分级标准没有采用评分制，而是对各项因素分级后给予综合评价。

（一）淡水珍珠质量因素及级别

1. 颜色

（1）淡水珍珠的颜色分为下列五个系列，包括多种体色（图 5–12，图 5–13）。

a）白色系列：纯白色、奶白色、银白色、瓷白色等；

b）红色系列：粉红色、浅玫瑰色、浅紫红色等；

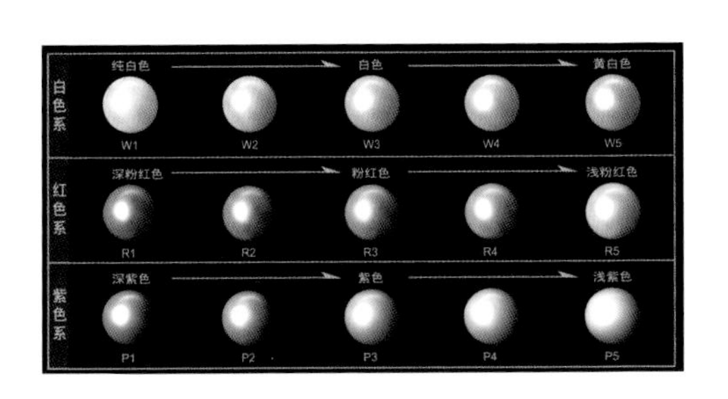

图 5–12　淡水珍珠的颜色分级

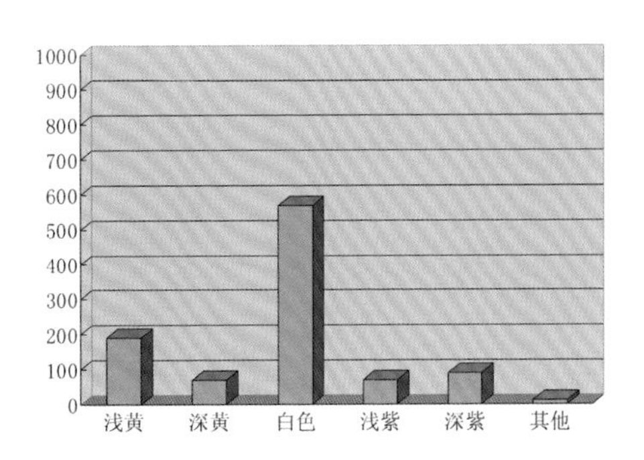

图 5–13　随机 1000 粒珍珠的颜色分布

c）黄色系列：浅黄色、米黄色、金黄色、橙黄色等；

d）黑色系列：黑色、蓝黑色、灰黑色、褐黑色、紫黑色、棕黑色、铁灰色等；

e）其他：紫色、褐色、青色、蓝色、棕色、紫红色、绿黄色、浅蓝色、绿色、古铜色等。

（2）淡水珍珠可能有伴色，如白色、粉红色、玫瑰色、银白色或绿色等伴色。

（3）淡水珍珠表面可能有晕彩，晕彩划分为晕彩强、晕彩明显、晕彩一般。

（4）颜色的描述：以体色描述为主，伴色和晕彩描述为辅。

2. 大小

正圆、圆、近圆形淡水养殖珍珠以最小直径来表示，其他形状淡水养殖珍珠以最大尺寸乘最小尺寸表示，批量散珠可以用珍珠筛的孔径范围表示（图 5-14）。

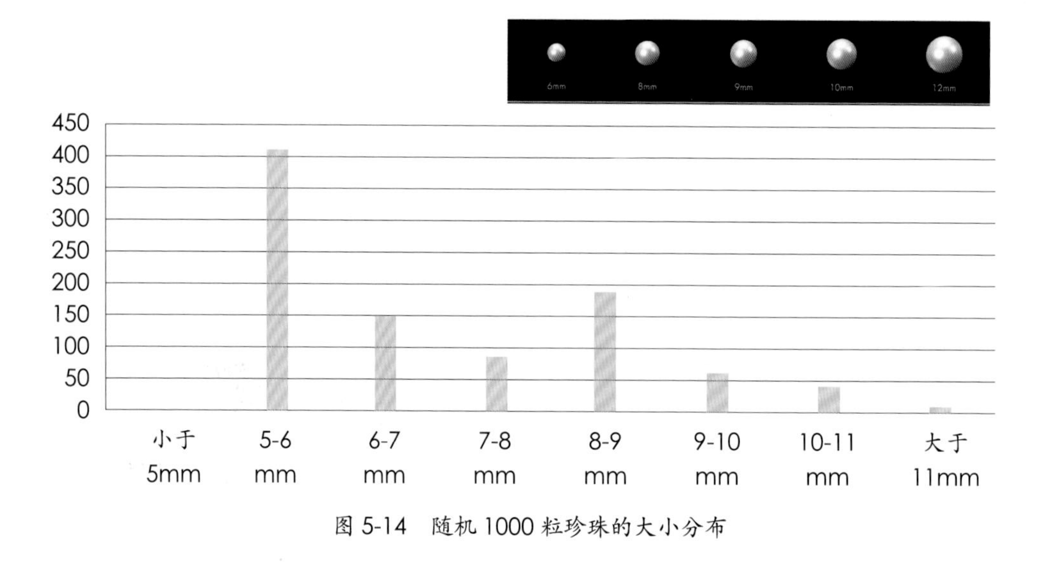

图 5-14　随机 1000 粒珍珠的大小分布

3. 形状级别

淡水无核养殖珍珠形状级别划分如图 5-15 和表 5-12 所示。

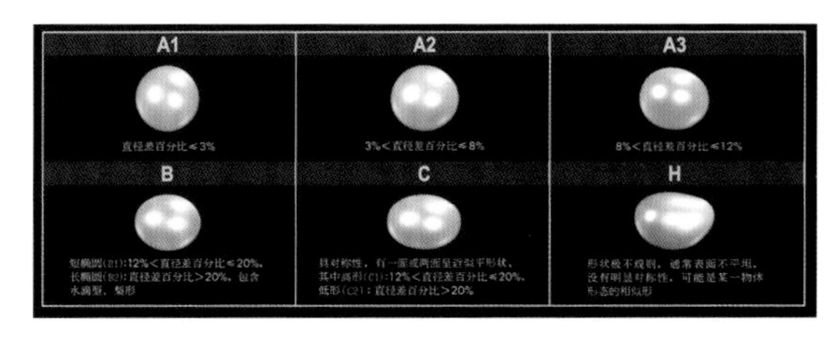

图 5-15　淡水无核养殖珍珠形状级别

表 5-12　淡水无核养殖珍珠形状级别

形状级别及级别			质量要求（直径差百分比 /%）
中文		英文代号	
圆形类	正圆	A1	≤ 3.0
	圆	A2	≤ 8.0
	近圆	A3	≤ 12.0
椭圆形类	短椭圆	B1	≤ 20.0
	长椭圆 a	B2	＞ 20.0
扁圆形类 b	扁平	C1	≤ 20.0
	异形	C2	＞ 20.0
异形		D	通常表面不平坦，没有明显对称性

a 含水滴形、梨形

b 具对称性，有一面或两面成近似平面状

4. 光泽级别

淡水珍珠光泽级别划分见图 5-16 和表 5-13。

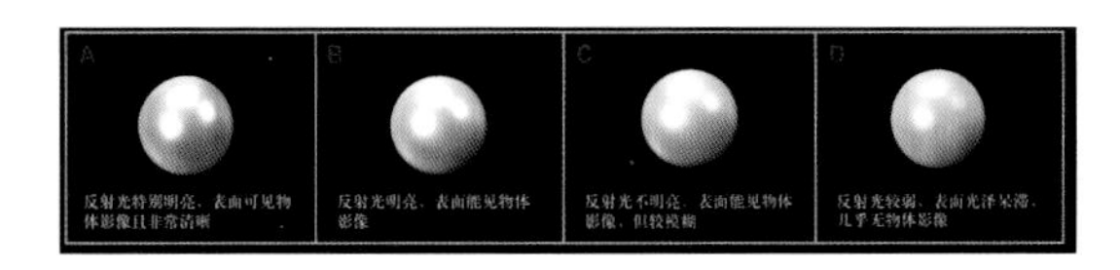

图 5-16　淡水珍珠的光泽级别

表 5-13 淡水珍珠光泽级别

光泽级别		质量要求
中文	英文代号	
极强	A	反射光很明亮、锐利、均匀，映像很清晰
强	B	反射光明亮，表面能看见物体影像
中	C	反射光不明亮，表面能照见物体，但影像较模糊
弱	D	反射光全部为漫反射光，表面光泽呆滞，几乎无映像

5. 光洁度级别

淡水珍珠光洁度级别划分见图 5-17 和表 5-14。

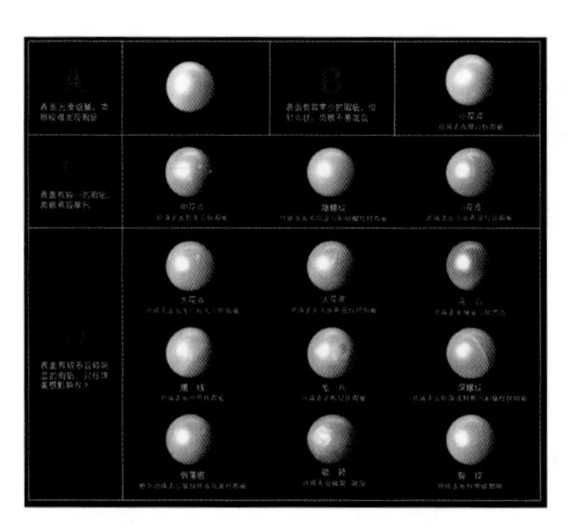

图 5-17 淡水珍珠光洁度级别

表 5-14 淡水珍珠光洁度级别

光洁度级别		质量要求
中文	英文代号	
无瑕	A	肉眼观察表面光滑细腻，极难观察到表面有瑕疵
微瑕	B	表面有非常少的瑕疵，似针点状，肉眼较难观察到
小瑕	C	有较小的瑕疵，肉眼易观察到
瑕疵	D	瑕疵明显，占表面积的四分之一以下
重瑕	E	瑕疵很严重，严重的占表面积的四分之一以上

（二）海水珍珠质量因素及级别

1. 颜色

（1）海水珍珠的颜色分为下列五个系列，包括多种体色。

a）白色系列：纯白色、奶白色、银白色、瓷白色等；

b）红色系列：粉红色、浅玫瑰色、淡紫红色等；

c）黄色系列： 浅黄色、米黄色、金黄色、橙黄色等；

d）黑色系列：黑色、蓝黑色、灰黑色、褐黑色、紫黑色、棕黑色、铁灰色等；

e）其他：紫色、褐色、青色、蓝色、棕色、紫红色、绿黄色、浅蓝色、绿色、古铜色等。

（2）海水珍珠可能有伴色，如白色、粉红色、玫瑰色、银白色或绿色等伴色。

（3）海水珍珠表面可能有晕彩，晕彩划分为晕彩强、晕彩明显，有晕彩。

（4）颜色的描述：以体色描述为主，伴色和晕彩描述为辅。

2. 大小

正圆、圆、近圆形海水养殖珍珠以最小直径来表示，其他形状海水养殖珍珠以最大尺寸乘最小尺寸表示，批量散珠可以用珍珠筛的孔径范围表示。

3. 形状级别

海水珍珠形状级别划分见表 5-15。

表 5-15　海水珍珠形状级别

形状级别		质量要求（直径差百分比 /%）
中文	英文代号	
正圆	A1	≤ 1.0
圆	A2	≤ 5.0
近圆	A3	≤ 10.0
椭圆 a	B	＞ 10.0
扁平	C	具有对称性，有一面或两面成近似平面状
异形	D	通常表面不平坦，没有明显对称性
a 含水滴形、梨形		

4. 光泽级别

海水珍珠的光泽级别划分见表 5-16。

表 5-16　海水珍珠光泽级别

光泽级别		质量要求
中文	英文代号	
极强	A	反射光特别亮、锐利、均匀，表面像镜子，映像很清晰
强	B	反射光明亮、锐利、均匀，映像清晰
中	C	反射光明亮，表面能看见物体影像
弱	D	反射光弱，表面能照见物体，但映像较模糊

5. 光洁度级别

海水珍珠的光洁度级别划分见表 5-17。

表 5-17　海水珍珠光洁度级别

光洁度级别		质量要求
中文	英文代号	
无瑕	A	肉眼观察表面光滑细腻，极难观察到表面有瑕疵
微瑕	B	表面有很少的瑕疵，似针点状，肉眼较难观察到
小瑕	C	有较小的瑕疵，肉眼易观察到
瑕疵	D	瑕疵明显，占表面积的四分之一以下
重瑕	E	瑕疵很严重，严重的占表面积的四分之一以上

6. 珠层厚度级别

海水珍珠的珠层厚度级别划分见表 5-18。

表 5-18　海水珍珠珠层厚度级别

海水养殖珍珠珠层厚度级别		珠层厚度 /mm
中文	英文代号	
特厚	A	≥ 0.6
厚	B	≥ 0.5
中	C	≥ 0.4
薄	D	≥ 0.3
极薄	E	＜ 0.3

（三）匹配性

1. 各项总体质量因素级别确定

a）确定饰品中各粒珍珠的单项质量因素级别；

b）分别统计各单项质量因素同一级别珍珠的百分数；

c）当某一质量因素某一级别以上的百分数不小于 90% 时，则该级别定为总体质量因素级别。

2. 匹配性级别确定

匹配性级别确定见表 5-19。

表 5-19　匹配性级别

匹配性级别		质量要求
中文	英文代号	
很好	A	形状、光泽、光洁度等质量因素应统一一致，颜色、大小应和谐有美感或呈渐进式变化，孔眼居中且直，光洁无毛边
好	B	形状、光泽、光洁度等质量因素稍有出入，颜色、大小较和谐或基本呈渐进式变化，孔眼居中且无毛边

续表

匹配性级别		质量要求
中文	英文代号	
一般	C	颜色、大小、形状、光泽、光洁度等质量因素有较明显差别，孔眼稍歪且有毛边

（四）珍珠等级

1. 珍珠等级

按珍珠质量因素级别，用于装饰使用的珍珠划分为珠宝级珍珠和工艺品级珍珠两大级。

2. 珠宝及珍珠质量因素最低级别要求

（1）光泽级别：中（C）

（2）光洁度级别：

最小尺寸在 9mm（含 9mm）以上的珍珠：瑕疵（D）。

最小尺寸在 9mm 以下的珍珠：小瑕（C）。

（3）珠层厚度（海水珍珠）：薄（D）。

3. 工艺品级珍珠

达不到珠宝最低级别要求的珍珠为工艺品级珍珠。

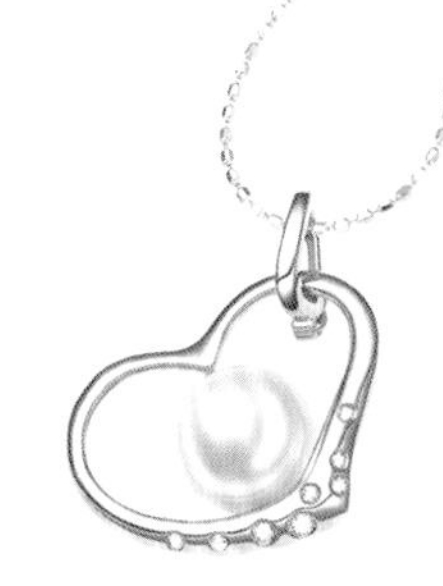

珍珠的保养

珍珠的成分是碳酸钙（呈碱性），要避免与酸性物质接触，产生腐蚀，使珍珠失去光泽。

珍珠内存在水分，所以不能与干燥剂放在一起存放，也不能在高温下暴晒，以免珍珠太过干燥造成珍珠失水变黄。应存放于荫凉处，使珍珠保持适当的湿度。也不要长时间存放于盒内，会使珍珠脱水变色。

珍珠的硬度非常低（莫氏硬度为 2 ~ 4），而一般的非有机类宝石的硬度都要比珍珠高，如果与其他宝石类的饰品放在一起，会使其表面受到磨损，造成光泽减弱。最好是单独进行存放。

定期清洗珍珠饰品。由于人体分泌的汗液（呈弱酸性）等物质会腐蚀珍珠表面，所以会对珍珠的光泽造成一定影响。如果可能的话，尽量到专门的保养维护珠宝饰品的公司进行清洗；如果没有条件，自己进行清洗时注意不要直接放进清水里清洗，因为进入小孔内或者缝隙里的水渍会难以抹干，进而使其发酵，影响珍珠的色泽。要用软棉布沾水或者对珍珠无影响的液体（最好是专门的清洗液），进行擦拭。

对于一串的珍珠手链、项链等饰品，要定期进行换线，时间一长经常佩戴的饰品线会变得松散，最好每隔 1 ~ 2 年最好检查一下，换一下线。

CHANYE FAZHAN QIANXI

第六章
当代中国珍珠产业发展浅析

第六章 当代中国珍珠产业发展浅析

珍珠产业是指珍珠采捕、养殖、设计、加工、销售及配套服务等各种经济活动的集合。当代中国珍珠产业指新中国成立后，依托珍珠养殖发展起来的包括珠母培育、珍珠加工、产品开发、设计、销售、鉴定、评估及科研等产业链条的集合。1958年12月19日，北海市南沥成功培育出我国第一颗海水养殖珍珠，这一标志性的事件可以作为中国当代海水珍珠产业的开端；时隔6年，在熊大仁教授指导下，湛江水产专科学校利用河蚌插片技术成功培育出淡水养殖珍珠，从此 中国当代淡水珍珠产业发展拉开了序幕。

中国珍珠产业经过几代珍珠人的共同努力，有了长足的发展。特别是进入21世纪以来，已经形成了由珍珠养殖、加工设计、科研开发、批发零售、外贸出口及配套服务完整的产业链，特别是淡水珍珠，不仅在国际国内市场上呈现了近乎垄断的规模优势，而且因养殖、加工珍珠品质的不断提升，逐渐凸现出了中国珍珠在世界珍珠中的地位及其巨大的发展潜能。

中国珍珠产业取得了一些成绩，却也面临着很多问题。2012年，中国珍珠总产量1000多吨，占全球珍珠总产量95%，产值却不到15%。这组数据鲜明的揭示了一个问题：中国是珍珠大国，却远远还不是珍珠强国。中国珍珠在养殖、加工设计、产品开发、销售推广等很多方面还有欠缺，面对国内外多变的市场环境、日趋激烈的市场竞争，中国珍珠产业前路还有很多曲折和挑战。

第一节
当代中国珍珠产业存在的主要问题

一、珍珠养殖

珍珠养殖是当代珍珠产业发展的基础。中国在13世纪就人工培育成功佛像珍珠。宋代《文昌杂录》也有过珍珠养殖方法的记载。然而，这些方法都没有得到继承和发展。中国人工养殖珍珠发端是新中国成立后。1957年周恩来总理指示："要把南珠生产搞上去，要把几千年落后的自然采珠改为人工养殖"。1958年至1964年，在熊大仁教授的带领和指导下，我国进行海水有核养殖珍珠和淡水无核养殖珍珠试验，并相继取得成功，开辟了我国珍珠养殖历史的新纪元。中国人工珍珠养殖大致经历了四个发展阶段：第一阶段，20世纪60年代至80年代初为探索性发展阶段，主要在育珠方法、珠蚌选择和培育等方面开展前期探索；第二阶段，20世纪80年代初至90年代初，大规模发展阶段。乘着改革开放的春风，珍珠养殖在有条件的水域迅速落地生根，同时出现了初级的珍珠市场；第三阶段，20世纪90年代初至21世纪初，企业化发展阶段，中国珍珠产业开始从珠农个体经营向现代化企业运作的转变；第四阶段，21世纪初至今，产业化发展阶段，中国珍珠产业链不断延伸、完善，一个良性互动、持续发展的珍珠产业链逐渐形成。短短几十年，中国珍珠产业经历了从无到有，从弱小到壮大的发展历程，创造了珍珠发展史上的一个奇迹（表 6-1，表 6-2）。

目前，中国珍珠养殖业主要存在以下几个问题：

（1）从业人员素质低，科技应用水平低。珍珠养殖属于第一产业，从事养殖的多为农民，整体素质偏低。无论在插核技术操作上还是后期饲养管理中都比较粗糙。珍珠养殖基本靠经验，队伍建设基本上是师傅带徒弟，很少经过正规培训上岗。因此贝蚌成活率低，病害防治水平偏下。

（2）养殖时间短，珍珠质量差。目前，海水珍珠养殖时间基本上不到 1 年，淡水珍珠养殖时间 3 年左右。由于养殖时间短，珠层薄，形状差，光泽弱，珠宝级别珍珠比重非常小。

表 6-1　中国淡水珍珠光洁度各级别市场份额

项　目	数量份额 /%	产值份额 /%
珠宝级别珍珠 / 统货珍珠 ×100	5~8	50~70
A 级别珍珠 / 珠宝级别珍珠 ×100	5~10	45~55
B 级别珍珠 / 珠宝级别珍珠 ×100	20~30	30~40
C 级别珍珠 / 珠宝级别珍珠 ×100	60~75	5~25

表 6-2　中国淡水珍珠光泽各级别市场份额

项　目	数量份额 /%	产值份额 /%
珠宝级别珍珠 / 统货珍珠 ×100	5 左右	50~70
A 级别珍珠 / 珠宝级别珍珠 ×100	5~10	40~50
B 级别珍珠 / 珠宝级别珍珠 ×100	25~35	30~45
C 级别珍珠 / 珠宝级别珍珠 ×100	55~70	5~30

（3）珠母品种单一，种质退化。我国海水珍珠养殖主要用马氏珠母贝，淡水珍珠主要是三角帆蚌。由于自然界可用于采捕的珠母越来越少，珠母主要靠人工培育。长期近亲繁殖，导致品种退化严重，活力下降，抗病力低，生产出来的珍珠质量也逐年下降。

二、珍珠加工

珍珠加工包括优化和处理两个方面。在宝石学概念中，“优化处理”是指除切磨和抛光外，用于改善珠宝玉石的外观（颜色、净度或特殊光学效应）、耐久性或可用性的所有方法。“优化”是指“传统的、被人们广泛接受的使珠宝玉石潜在的美显示出来的各种改善方法”，如珍珠的漂白、增光；“处理”是指“非传统的、尚不被人们接受的各种改善方法”，如珍珠的染色处理、辐照处理等。

人工养殖的珍珠，采收后很少能够直接达到珠宝级别而投放市场，基本都要进行加工。在我国珍珠产业发展的初期，珍珠的加工能力非常有限，技术薄弱，设备简陋，采收后的珍珠基本上都是出口香港、日本进行加工，珍珠附加值非常低。进入企业化发展阶段之后，珍珠养殖场或珍珠经营企业逐渐意识到，没有技术核心做支撑，中国珍珠将永远受制于人。于是，一批有实力、有远见的企业聘请日本专业技术人才，购买国外先进加工设备，与各级科研院所合作，开始攻克珍珠加工这一难题。目前，中国珍珠整体加工水平已经有了很大的提升。但是与国际先进水平相比还是有一定差距，表现在漂白后颜色不够纯正、抛光不够亮，珠层薄易脱落，表面瑕疵较多等。

三、珍珠推广

目前，中国珍珠已经开发了包括首饰、工艺品、珍珠粉、美容

用品等多系列产品；形成了广西、海南、广东等海水养殖基地；湖南、湖北、江西、江苏、浙江、安徽等淡水养殖基地；成长出一批优秀的珍珠企业和企业家；形成了全国多个珍珠交易市场。中国珍珠产业在逐渐走向成熟。

然而，最近几十年，大量饰品级低档珍珠充斥国内市场，特别是旅游市场，低价销售，不仅难以获得高附加值，更重要的是严重损害了中国珍珠的整体形象，成为国内珍珠市场消费信心缺失、购买欲望低下的重要诱因。

国际贸易中，国际买家利用供过于求、农户间相互杀价严重，大肆压低珠宝级珍珠价格，最终利益受损的是中国珍珠产业。影响珍珠市场价格波动的因素很多，主要消费大国经济状况和主要生产国市场供应状况是两个非常重要的因素。我国珍珠养殖规模急剧扩大，产量飙升，无疑是导致国内外珍珠市场价格竞争更加激烈的重要因素。中国香港、日本等地珍珠采购商在大量的货源面前竞相压价收购，珍珠供应商为了能够成交也相互压价出售。珍珠企业为了获得一份薄利，压价收购养殖户的珍珠，而依靠养殖珍珠维系生计的珠农，便采取缩短养殖时间、降低养殖成本来应对。无序竞争，恶性循环，一直是摆在我国珍珠行业面前最严峻的问题。

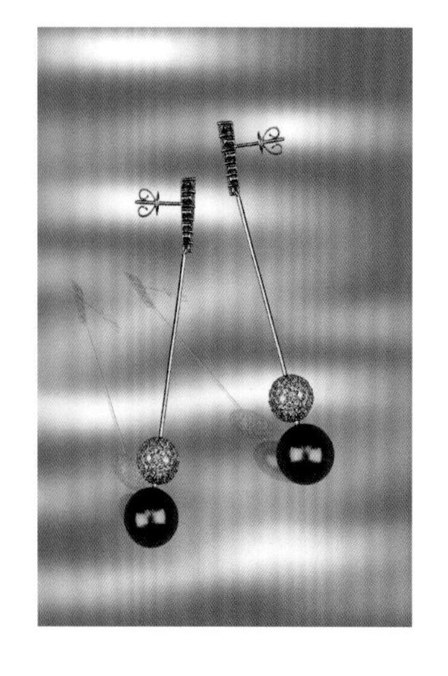

四、珍珠产业政策

20 世纪 70 年代珍珠养殖业始于国营和集体企

业，80 年代家庭养殖业大力发展，90 年代个体私营企业迅速壮大。多种经济成分的加入对珍珠产业的发展起到了重要的推动作用，但同时也使经营活动趋于分散和无序状态，争资源、争资金、争市场的恶性无序竞争局面，直接影响了珍珠这一民族产业持续、健康的发展。

由于盲目增加产量，技术投入不足，管理失控，经营粗放，珍珠整体质量下降。目前，高品质的淡水养殖珍珠不到总量的 5%，低档珍珠所占数量过高。大量淡水低档珍珠占用了有限的珍珠生产资源，资源利用价值率低，珍珠企业经济效益差，中国珍珠整体形象不佳，最终将严重阻碍珍珠业的持续发展。

在现行的税收政策中，珍珠企业的税负包括：一是国税，包括 17%的增值税、10%的消费税；二是地税，包括 3%的城建税、教育附加综合费等，33%的所得税。较高的税负是众多珍珠企业不愿从事珍珠深加工的技术研发与生产，转而从事以珍珠原料为主开展珍珠出口贸易的重要原因。同时，珍珠企业在收购农民原珠过程中，无法解决增值税票源头的问题，也是企业难以做大的因素之一。

第二节　我国珍珠产业的发展趋势

珍珠行业属于劳动密集型行业，我国大量农村劳动力，可以依靠珍珠产业勤劳致富。我国北部湾海域辽阔，内陆湖泊水面宽广，适宜珍珠养殖的水域资源较为丰富。我国经济发展迅猛，人们生活水平不断提高，珍珠消费市场潜力巨大。因此，中国珍珠产业发展空间大、前景好，并将呈现出如下的发展趋势。

一、珍珠养殖呈现生态化、集约化趋势

2007 年以来，主要珍珠养殖区域地方政府陆续颁布珍珠禁养、限养政策，控制珍珠养殖许可证的发放，严格限制珍珠养殖水域，同时要求珠农做好养殖水域的环境保护工作。禁养、限养政策颁布后，一批科技含量低、缺乏市场竞争力的散户逐渐退出珍珠养殖领域，而一些规模化企业，凭借其资金、技术优势，大力开展生态养殖、绿色养殖，在提高珍珠质量、提升养殖效益的同时，保护了当地生态和环境。珍珠养殖正从农户型低环保分散养殖向企业化的集约型生态养殖转变。

二、珍珠产业集聚化发展

产业集群是某产业的企业在地域上集聚成群，是产业与地域的有机结合，具有“小资本、大集聚，小产品、大市场，小企业、大协作，创新多、就业广”等特点。产业集聚化发展有利于信息交流与资源配

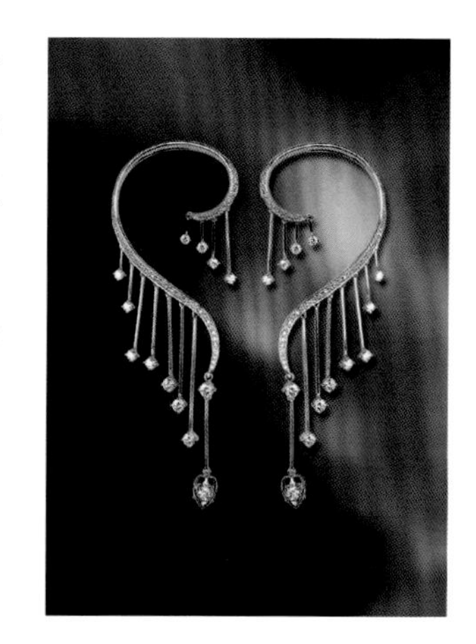

置，有利于提升产业的社会知名度。目前，我国淡水珍珠产业形成了以诸暨、渭塘为代表的两大珍珠加工、贸易集散地。海水珍珠形成了以北海、湛江为代表的珍珠加工、贸易集散地。产业集聚化发展，主要标志为有众多的龙头企业，有较强的科技支撑体系，有政府长期战略发展规划。相信，随着珍珠产业的发展与壮大，珍珠产业集聚优势和集聚效应将更加显著。

三、珍珠产业链不断延伸与升级

产业链的延伸与升级是产业持续发展不竭的动力，产业链转换成不断提升的价值链是产业发展的方向。中国珍珠产业已经从一个只有养殖和原珠交易的产业，发展成为一个珍珠养殖、原珠优化、饰品加工、珍珠保健品和化妆品生产、珍珠制品批发与零售不断延伸的产业链。除了作为饰品和工艺品以外，珍珠的医疗保健作用在古代经典医药论著中著述很多，在现代《中国药典》中也有记载。珍珠保健品和化妆品的研发，极大地开拓了珍珠应用的领域，拉动了珍珠养殖业的持续发展。相信，随着珍珠中医药学研究的不断深入，珍珠医药制品、珍珠生物支架材料、珍珠功能性保健食品等领域的发展空间越来越大。

四、珍珠内需将不断扩大

珍珠在中国具有深厚的文化底蕴，几千年来，一直是国人的挚爱。受全球经济危机的影响，世界经济进入低谷，唯有中国仍然保持着平稳较快发展。

据统计，2012年中国珠宝销售突破了4000亿元，而且每年在以两位数的速度增长。相信在不久的将来，中国必将成为全球珠宝消费中心。随着中央扩内需促增长、经济结构转型升级等宏观政策出台，必将为珍珠企业的转型提供了良好的契机。尚未真正启动的国内消费市场有望活跃起来。

五、珍珠行业步入“品牌战略”轨道

随着我国市场经济的不断成熟，企业将从简单的价格竞争转向综合的品牌竞争。因为品牌竞争不仅带来更高的产品附加值，而且还有利于形成持续增长的企业利益。中国珍珠产业发展有着深厚的文化基础和丰富的资源优势，唯一缺少的就是品牌。这几年我们可喜的看到，大部分珍珠企业已经把实施“品牌战略”纳入了企业发展的规划，并且已经产生了一批“中国驰名商标”、“中国名牌”产品，中国珍珠行业品牌战略正在稳步推进中。

六、珍珠行业将逐步与资本市场对接

2007年9月25日，是中国珍珠人值得骄傲和自豪的一天。这一天，浙江山下湖珍珠集团股份有限公司在深圳证券交易所中小企业板正式上市，成为了中小板第173个成员，股票代码：002173，简称：山下湖。“山下湖”不仅是浙江省第一个上市的农业企业，也是全国淡水养殖行业第一家上市的企业，更标志着中国传统珍珠产业和现代资本市场的成功对接。通过上市，广泛吸收社会资金，迅速扩大企业规模，提升企业知名度，增强企业竞争力，实现企业快速发展、做大做强的目标。“山下湖”的上市，给一批企业树立了目标，也提升了信心，相信有更多的珍珠企业正在朝着上市前行。

第三节
当代中国珍珠产业的发展对策和建议

中国珍珠产业要从“高产低值”的困境中突围出来，实现由珍珠大国变为珍珠强国的愿望，我们认为应采取如下对策。

一、制定二元化发展战略

珍珠本质上是珠宝，无论是古代采捕的天然珍珠，还是现代养殖的珍珠，她都是珠宝玉石家族中重要的一员。珍珠不仅具有商品属性，同时还有文化属性，人们购买、收藏、佩戴珍珠，不仅仅是买一件东西，而是体现了现代人对美的追求，体现了自身独特的品位，是一种情感诉求。同时在物价上涨的今天，优质高档珍珠的保值、增值功能也是大家购买珍珠的一个重要因素。所以，珍珠不是日用消费品，珍珠有她固定的消费群体，那就是具有一定消费能力的富人阶层。

珍珠养殖技术成熟，使得珍珠的量化生产成为了可能。但是优质高档珍珠（即珠宝级别）产量实际还是非常有限，充斥在市场上大量的是工艺品级别珍珠。2012 年中国珍珠产量 1000t，其中珠宝级别珍珠不到 5%，珠宝级珍珠中真正高品级的更是少之又少。所以，即使在今天，优质高档珍珠依然非常稀缺。

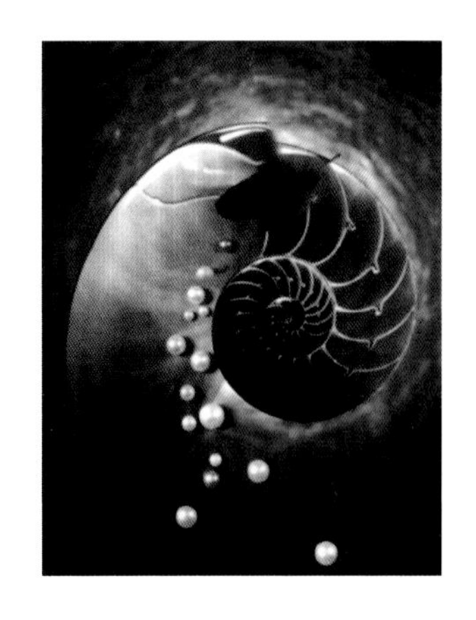

商品需求曲线是显示价格与需求量关系的曲线，是指其他条件相同时，在每一价格水平上买主愿意

购买的商品量的表或曲线(图6-1)。由于一般情况下，价格越低，需求量就越大，需求曲线总是一条向右倾斜的曲线，曲线上各点的斜率一般为负数。但也有例外的情况，即存在斜率为正或者抛物线形式的需求曲线。这些例外情况曾经在经济学界引起广泛争论。我们不去讨论经济学领域的相关理论。但是，珠宝产品的确有其需求的特殊性。因为“稀有”是珠宝的共性。物以稀为贵，稀少的产品价格就会走高；而消费者购买珠宝有炫耀心理、投资保值心理，购买时经常追涨不追跌。因此对于珍珠来说，要保持一

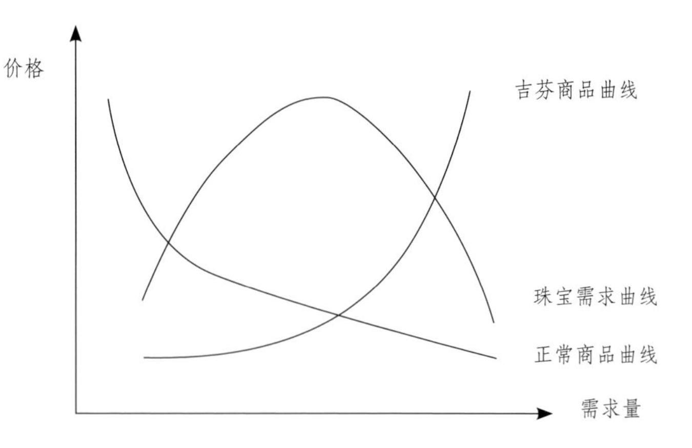

图 6-1　商品需求曲线

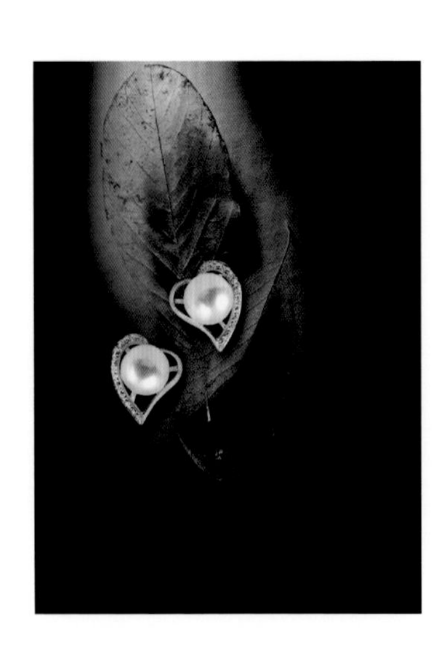

定的稀有性。所以，珍珠产业未来的发展方向应该是，一方面要适当控制产量，进一步提高珠宝级珍珠的比率，同时通过加工、设计增加其附加值，挖掘其珠宝属性；另一方面，延长产业链，加强珍珠在医药、

保健、工艺品产品上的开发，做到资源的充分利用。

二、树立珍珠产业价值链的总体思路

全球价值链是指在全球范围内考察产品从概念、设计、生产直至消费整个产业链条价值不断增值的过程。就珍珠产业链而言，下游环节较上游环节增值空间大，越到下游，价值增值越多。产业链的每个环节参与的个体越多，多样性越丰富，产业安全系数越大。就我国珍珠产业而言，要做大做强就必须在全球经济一体化的进程中，系统考虑我国珍珠产业在全球范围内价值链的安全性和增值性（图 6-2）。

从图6-2可以看出，我国珍珠产业链条相对完整，但上游链条较粗，越往下游链条越细，表明我国珍珠的养殖量大，但深加工的能力不足，自行加工的终端产品数量更少。珍珠价值链从上游环节到下游环节价值增值空间逐渐加大。但我国规模巨大的珍珠养殖业恰恰处于价值增值较小的环节，而日本等国家和地区从中国进口珍珠，精加工后以高附加值的价格在国际市场上销售，获取了较大的利润。我国珍珠企业具有竞争优势的终端产品较少，这也正是中国珍珠产业链中最薄弱的环节。因此，我们应以科学发展观为指导，放眼世界，努力发展珍珠精加工技术，开拓国内、国外两个市场，实现产业链各个环节价值的增值。这应是珍珠产业做大做强的总体思路。

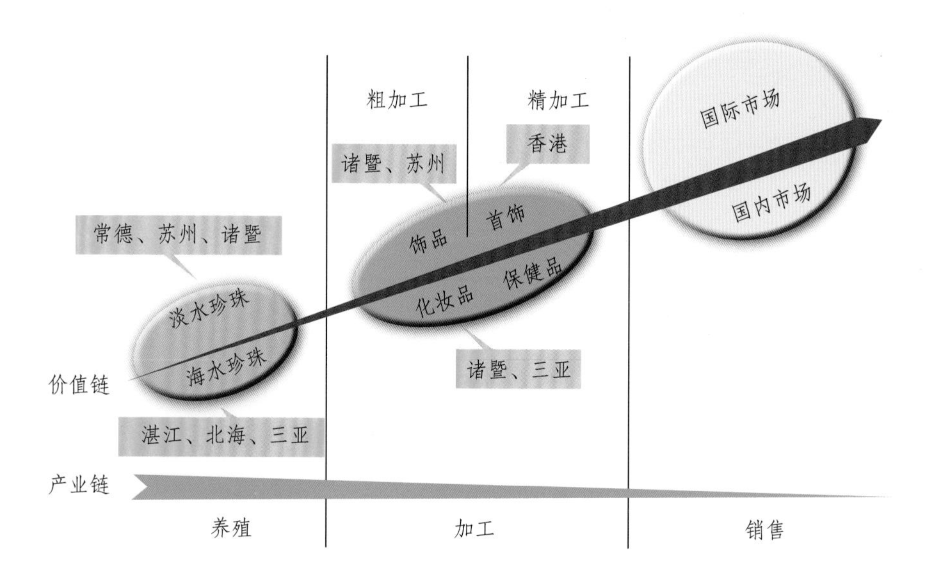

图 6-2　中国珍珠产业链
（据史洪岳）

三、建立产业良性发展的运作机制

1. 提高企业核心竞争力

我国珍珠企业目前主要沿用“薄利多销”的传统经营理念，价格比拼、扩大交易量仍然为企业主要的竞争手段。珠宝经济作为文化经济，不断提高科技含量、丰富文化内涵、提高核心竞争力将成为企业持续、快速发展的关键。

珍珠养殖是我国珍珠产业发展的基础环节，是企业提高竞争能力、获得持续发展的重要环节。目前，我国主要用于海水珍珠养殖的马氏贝和淡水珍珠养殖的三角帆蚌，种苗退化严重，白蝶贝、黑蝶贝、企鹅贝等优质海水珠贝尚难进行规模化养殖，加大贝蚌种源优化、改良或引进力度，提高贝蚌种源质量是满足消费者对珍珠粒度大、色泽好、圆度高主体需求的重要基础；同时，为扩大消费需求也应高度重视珍珠养殖种类的研发，如彩色珠、异型珠等。

珍珠深加工是珍珠产业发展的关键环节，也是企业提高竞争能力、扩大利润空间的重要环节。目前，我国不少珍珠企业对珍珠初级产品的深加工做了大量富有成效的研发工作，也得到了一定的经济回报。提高珍珠初级产品深加工的工艺水平，拓展珍珠初级产品深加工的应用范围，发展前景十分广阔。如，珍珠钙镁含量较高，富含多种微量元素和氨基酸，有着2000多年药用历史，珍珠医药制品、珍珠保健用品、珍珠营养食品、珍珠美容化妆品等的研发，是展示企业创新力、拓展开发领域的重要渠道。

“文化不仅是发展的手段，同时也是发展的目的”。今天，人们购买珍珠，看重的不再是保值、增值等物质价值的属性，而是它美化仪表、愉悦心情、张扬个性等文化价值的属性。只有融各种珠宝材质、设计、工艺于一体，才能真正创造出博得消费者喜爱的完美首饰。因此，要加强珍珠企业与其他珠宝业界间的合作，从产品设计、加工到渠道拓展、品牌宣传等多角度、多方位开展合作，强强联合，加速推进珍珠由“制造大国”向“创造强国”转型。

可以说，传统珍珠文化的弘扬与现代珍珠文化的创造是珍珠企业发展的重要手段。珍珠文化、企业文化、产品文化和产品品牌等，都需要随着社会的发展不断创新，使之成为创造价值的源泉。

2. 发挥政府管理职能

珍珠养殖的海洋、湖泊及水塘，是国家资源。农民利用这些自然水体开展珍珠养殖，就像利用土地种植农作物一样，应力求合理。如果利用不当，造成水体污染，贝蚌病害发作，不仅自身遭受经济损失，还会殃及他人，危及整个产业。农业部实施的养殖证制度，对于规范、促进珍珠养殖业的发展意义重大。根据《中华人民共和国渔业法》规定，养殖者应向县级以上地方人民政府渔业行政主管部门提出申请，在获取养殖许可后再从事养殖生产，使珍珠养殖业走向依法开发、规范管理的可持续发展道路。一方面，可以有效保障珍珠养殖者的合法性，另一方面，可以限制不具备养殖技术条件的养殖者进入，避免水体资源的浪费和破坏，同时，国家还可利用相关政策调控产业发展规模。2007 年以来，湖北、安徽、浙江等省份陆续颁布了珍珠禁养、限养政策，减少养殖水域，严格养殖准入制度，对保护水质、促进珍珠健康良性发展起到了有力的推动作用。

我国珍珠企业现行综合税率高达33%，其中增值税为17%，消费税为10%。就17%的增值税而言，与其他盛产珍珠的国家相比较显著偏高，如日本免增值税，收取3%的税；瑞士6.5%增值税；泰国7%增值税；美国免增值税，收取0.21%的税；澳大利亚免增值税。珍珠作为农副产品，与我国其他农副产品13%的增值税相比较也是偏高的。高税收的直接影响是，珍珠企业负担较重，在价格竞争作为主要手段的现实情况下，企业无力从事技术创新，也无力塑造企业品牌。从2004年年初开始，为加快农业发展，减轻农民负担，国家取消了特产税，并将在5年内取消农业税。在我国，珍珠养殖属于农业，珍珠作为农副产品，亦应不征收消费税。珍珠养殖的从业人员都是当地的农民，长期以来，养殖珍珠是这些农民唯一的经济来源。消费税，是对特定的消费品和消费行为在特定的环节征收的一种间接税，是国家引导或限制某些商品消费的一项调控措施，尤其是对那些不能再生的资源需要限制生产、限制消费和一些国家垄断、又不可替代的消费品以及一些高消费的服务行

业。珍珠养殖周期多则 3 ~ 5 年，少则 1 年，每年都有上千吨的产量，95％以上用于制造价格低廉的珍珠饰品和加工成为各类珍珠粉，真正达到珠宝级的珍珠不足总产量的 5％，年产量不足 50t。我国珍珠消费市场潜力较大，但是现实消费信心不足，市场零售量较少。我国珍珠企业为拉动国内消费市场，正在进行艰苦的努力。具有民族特色的珍珠产业正在艰难前行之际，国家在产业政策上应给予必要的扶持。1995 年，国家将金银首饰的消费税下调至 5%，并改在零售环节征收。2001 年，国家又将钻石饰品的消费税减至 5%，并后移至零售环节征收。目前，中国珠宝玉石首饰行业协会正向有关部门积极建言，希望考虑取消珍珠消费税或后移至零售环节征收。

3. 发挥行业协会协调作用

我国珍珠企业多为个体经营企业和民营企业，以小规模生产、分散化经营为主要特点，短期行为、恶性竞争等较为严重，以次充好、虚假打折、压价销售等现象时有发生。行业协会作为政府与企业间的桥梁和行业自律的组织者，在推动行业健康、持续发展中的作用显而易见。法属波利尼西亚、日本等珍珠大国的行业组织，有效地对珍珠业进行监督、约束和宏观控制，其经验值得借鉴。中国珠宝玉石首饰行业协会申请中国珍珠“真品标识”，召开珍珠商贸洽谈会，推进中国珍珠标准样品体系建设，做出了大量工作。浙江省珍珠协会成立后，在政府大力支持下筹办诸暨珍珠节，组织企业进行市场联合推广，开展抵制低档珍珠出口等系列工作，为诸暨乃至全国珍珠产业发展做出了积极贡献。相信，随着政府职能的转变和成熟市场体系的建设，行业协会的作用会越来越大。

中国珍珠要想让国外消费者认知，让国内消费者认可，除了需要我国更多的珍珠企业去争创名牌外，也需要树立中国珍珠的整体品牌形象。如同瑞士的手表、法国的香水、比利时的钻石一样，应努力把珍珠塑造成为中国优秀民族产业的代表。毫无疑问，无论是企业，还是行业组织、政府部门，都希望中国珍珠这一民族产业能够做大做强，享誉世界。行业组织以服务企业、服务政府、服务行业为宗旨，以推动、规范行业发展为重要职责。对一些个别企业无办法解决，政府部门无精力解决的共性问题，行业组织有义务、有责任做好工作。重塑中国珍珠形象，打造中国珍珠品牌，行业组织责无旁贷。

4.发挥产业集聚优势

目前，在我国形成了以诸暨、渭塘为代表的淡水珍珠加工、贸易集散地，以北海、湛江为代表的海水珍珠加工、贸易集散地。集聚区企业的数量、从业的人数、交易总量都比较大，具有相对统一的交易场所，当地政府比较重视并有产业发展规划，产业集聚特点比较显著。但是，目前产业集聚优势尚未得以充分发挥，产业集聚效应尚未得到充分体现。就诸暨市山下湖镇而言，这些年通过举办诸暨珍珠节，珍珠商贸洽谈会等活动，整合当地珍珠产业，促进优势企业联动，拓展上下游产业资源，大力宣传推广珍珠文化，不仅使企业受益，也增加了地方政府的税收，更重要的是增强了政府的凝聚力、向心力。因此，对于业已形成的珍珠产业集聚区的发展，应从重视硬件建设转为重视软件建设，企业集聚应由政策优惠引力转为文化引力，通过制度创新、技术创新、文化创新不断提升产业聚集区的凝聚力。进而，最大限度地实现集聚区内行动主体战略发展的统一性，资源共享的有效性，利益获取的持续性。

QIYE GAISHU

第七章 中国优秀珍珠企业概述

第七章
中国优秀珍珠企业概述

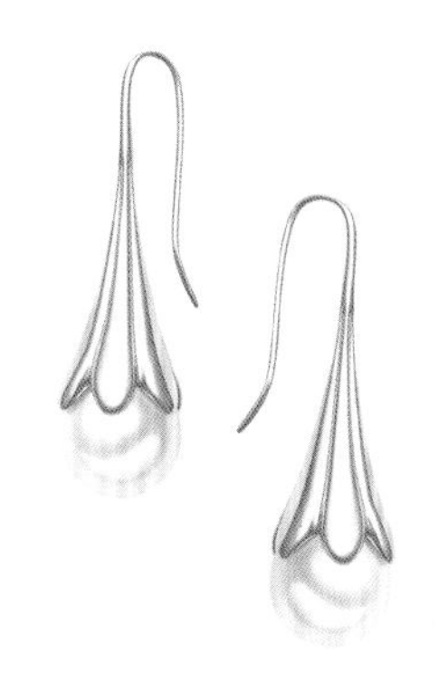

20 世纪 70 年代中国珍珠养殖技术取得了突破，为中国现代珍珠产业发展奠定了坚实的基础。历经几代珍珠人的共同努力，特别是经历改革开放三十多年的快速发展，中国珍珠产业已经取得了令世界瞩目的成绩。2012 年，中国珍珠产量 1000 多吨，占全世界珍珠总产量的 99%，出口近 3 亿美元，直接或间接从业人员 20 余万人。形成了浙江诸暨、苏州渭塘、北京红桥、广西北海等珍珠加工、批零集散地，湖南、江苏、浙江、安徽、湖北、江西等 6 大淡水珍珠养殖基地，广东、广西、海南等 3 大海水珍珠养殖基地。形成了养殖、加工、销售、设计、鉴定、研发一条完整的产业链，开发出珍珠首饰、工艺品、保健品、美容用品等多元化产品。更重要的是，一批优秀的企业和企业家在激烈的市场竞争中脱颖而出，他们成为当代中国珍珠产业发展的脊梁。

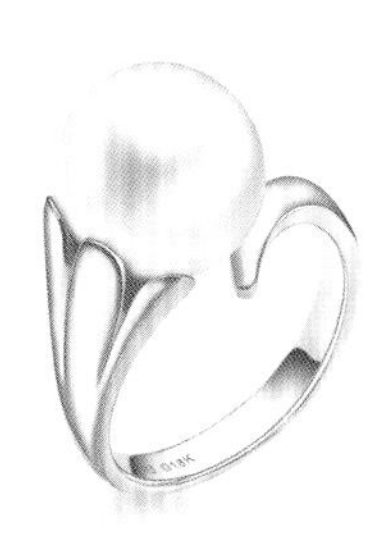

千足珍珠集团股份有限公司

千足珍珠集团股份有限公司（原浙江山下湖珍珠集团股份有限公司）创立于1997年4月，是一家集珍珠养殖、加工、设计、销售、进出口、科学研究、医药保健开发于一体的、经国家八部委认定的农业产业化国家重点龙头企业，是目前珍珠行业规模最大企业之一。公司下属诸暨英发行珍珠有限公司、浙江英格莱制药有限公司、湖南千足珍珠有限公司、诸暨市千足珍珠养殖有限公司等七家子公司。公司于2007年9月25日完成首次公开发行股票并上市，证券简称为“千足珍珠”。

陈海军 总经理

公司被中国珠宝玉石首饰行业协会授予“中国珍珠产业龙头企业”，是中宝协副会长单位、国家级农产品加工技术创新机构、国家级农产品加工出口示范企业、国家级高新技术企业、“AAA”级资金信用等级企业。公司通过了ISO9001质量体系认证、ISO14000环境体系认证。公司的“千足”商标被认定为“中国驰名商标”。“千足”牌珍珠系列产品获得“中国名牌产品”、“中国原产地标记”、“浙江农产品金奖产品”等荣誉称号。

公司拥有现代化厂房31700m^2，装备了国内外先进的生产设备，形成了从珍珠养殖、优化处理、项链首饰加工、精深加工等多条生产线，年加工珍珠能力稳居行业首位。

公司一直非常重视科技开发和技术创新，在与各科研机构和高等院校密切合作的同时努力发展自主研发，并逐步形成了一支研发、检测能力较强的科技队伍。公司的“浙江山下湖珍珠研究所”也具备了相当的科研实力，已经完成和正在研究的科技成果和项目共 28 项，已经获得授权或受理的专利 37 项；同时引进了先进的检测设备，成为公司科学研究和产品检测中心。公司为“省级高新技术研发中心”、“浙江省淡水珍珠质量检测中心工作站”。

公司自创立以来，以“让中国淡水珍珠走向世界，用绿色饰品美化人间”为宗旨，倡导“让客户一千个放心，让消费者充分满意”的经营理念，以一流的设备、领先的技术，努力实现管理创新、科技创新，为创建民族品牌、发展民族产业做着不懈的努力。

浙江阮仕珍珠股份有限公司

阮铁军 董事长

凭借极致非凡的品质以及灵性创意的设计，阮仕珍珠自1988年诞生以来一直是珍珠时尚行业的卓越典范。

中华民族五千年的文化和历史，为阮仕的珍珠美学奠定了无可比拟的淡定和雍容。即便是一件小小的珍珠作品，都凝结了深厚的民族审美、悠远的历史积淀、丰厚的人文情感，以及细腻的传统工艺等众多华夏精粹。25年来，阮仕从一个珍珠作坊起步，到中国最大的淡水珍珠出口品牌，再到今天笼罩着一身光环的“国礼”品牌。

历经时间的洗练，阮仕珍珠散发出愈来愈夺目的光华。

阮仕珍珠拥有全球优质的淡水珍珠资源。得益于充沛的上游资源，阮仕珍珠成就了一件件珍贵稀有、完美无瑕的珍珠首饰。阮仕经验丰富的珍珠专家会花费大量时间精挑细选从光泽到形态品质最上乘的珍珠：从仅占出产珍珠总量5%的珠宝级珍珠中，严谨筛选出仅占其中1%的极为珍稀的“高亮泽天然淡水珍珠”。

对原料甄选的考究之道，以及表里相契的生动设计、融汇中西的审美格调，凝聚而成阮仕珠宝作品的象征性标志。阮仕与全球顶级的工艺大师合作，设计师遍布中国大陆、香港和台湾，以及日本、韩国、新加坡、法国、德国等众多国家和地区。近年来，阮仕集优雅、时尚、实用性及设计感于一身的极品珍珠饰品的面世，频频冲击着人们的视觉神经：阮仕珍珠将时尚的彩色K金，缤纷亮丽的钻石、珊瑚、碧玺、红蓝宝石大胆应用于以珍珠为主体的整体珠宝造型设计与表现中，赋予了珍珠前所未有的时尚感和奢华气度。并结合现代东方女性优雅、自信、独立、灵慧的特质，将女性特有的风情和珍珠本身的韵味完美融合，相得益彰。

阮仕专注珍珠品质,精研珍珠文化,以独一无二的灵感进行创作,并不断创新,从设计到成品均融汇精湛的顶级工艺,为锻造和发扬永恒的珍珠之美而执著奋斗。经过 20 多年的发展，阮仕珍珠业务遍布全国各大城市及欧美、东南亚等国家和地区。近年来，零售事业发展迅速，旗下多家专卖店先后在浙江、北京等地开业，成为当地珍珠文化推动的主要力量。在北京，RUANS 阮仕珍珠于 2011 ~ 2012 年分别入驻多家国际高端百货，成就了中国最具影响力珍珠首饰品牌与高端国际百货的首次合作，迈出了中国珍珠文化与国际奢侈品行业结合的第一步。

RUANS 阮仕珍珠店面终端形象和店内陈列均由全球著名室内设计师进行设计，融合了珍珠这一水之精灵所具备的温润、优雅、圆满的特点，构建优雅的购物环境，彰显独特珍珠文化。所有 RUANS 阮仕品牌店在外观设计和内部装修上一脉相承，却在细微之处各有新意，为顾客带来了最贴心的购物体验。

作为珍珠产业首批“中国名牌”、“中国驰名商标”，“中国淡水珍珠质量体系”标样研制单位，阮仕至臻完美的理念和经典永恒的魅力，通过每一件作品，传遍世界各地。

时间越久，越能体现一个企业的坚持和伟大。时至今日，阮仕已站在世界的高度，代表中国品牌的自信与世界观，向全世界展现东方珍珠的美学文化。

浙江佳丽珍珠首饰有限公司

詹伟建 董事长

浙江佳丽珍珠首饰有限公司是东方神州珍珠集团下属的核心子公司，集淡水珍珠科研养殖、首饰设计加工、销售于一体，是目前中国规模最大的珍珠及珍珠首饰礼品生产、加工、贸易企业之一。在香港、北京、深圳设有贸易分公司，在全国拥有 4 万亩优质淡水珍珠养殖基地。2011 年经过七年研发的大颗粒正圆淡水有核珍珠“爱迪生珍珠”已成功问世，其品质完全可以与国外顶级海水珍珠相媲美，创造了世界珍珠行业的奇迹。

公司先后荣获中国农产品加工业示范企业、中国珍珠产业龙头企业、中国珠宝玉石首饰行业协会副会长单位、中国淡水珍珠标准样品研制单位、“中国名牌”、“中国驰名商标”、“2008 北京奥运珠宝特许生产商”、“2010 上海世博会特许生产商”等诸多荣誉称号。

海纳百川，有容乃大，佳丽珍珠始终以深具社会责任的形象引导行业创新发展。

浙江七大洲珍珠有限公司

浙江七大洲珠宝有限公司地处西施故里、“中国珍珠之乡”的山下湖工业园区。注册资金500万元，总资产7000万元。公司下属的浙江天使之泪珠宝有限公司吸收外资308万美金，合作开发珍珠深加工工艺，提高参与国际珍珠的市场竞争力。

戚乌定　董事长

公司在珍珠养殖业方面已走上了规模化、集约化、专业化之路，实现了三个方面的转变：一是养殖品种由单一的普通珠播种向有核、少粒、奇形品种发展；二是养殖方式由传统的自然环境向依靠人工科学改良养殖环境转变；三是在养殖管理上，由经验型向科技知识型管理转变。公司经过几年的发展，已成为中国淡水珍珠行业中最具规模和实力的企业之一，先后被中国珠宝玉石首饰行业协会吸收为常务理事单位并评为“驰名品牌”；被中国珠宝玉石首饰行业协会珍珠专业委员会评为“珍珠苗子企业”；2002年被诸暨市政府评为“十佳农业龙头企业”、“消费者信得过单位”；2003年公司通过ISO9001国际质量认证。经过十年的发展，已经形成了从养殖到深加工，从产品到市场，再从市场到科研的良性循环，已经具备雄厚的深加工技术、先进的深加工生产线，以生产高质量的淡水珍珠首饰品赢得了国内外广大客户和经销商的信赖。公司现已发展成为集科研、养殖、生产、加工、设计、销售、外贸于一体的大型淡水珍珠企业。多年来“七大洲”人一直坚持技术创新、管理创新、机制创新，努力做到“人无我有，人有我优”，依靠名牌产品和优质服务，不断为“天使之泪”品牌注入新的活力，努力成为美化生活的忠诚使者。

浙江天地润珍珠有限公司

公司坐落于中国最大的淡水珍珠基地——山下湖镇，是一家集淡水珍珠养殖、收购、设计、加工、销售于一体的综合性专业珍珠公司，是中国最大的珍珠及珍珠饰品生产、贸易企业之一。公司现有员工500多人，年产、销珍珠200多吨。

王纪荣（中）董事长

公司成立20多年以来，依靠科技创新，不断引进国内外最先进的加工技术，结合自身实践经验，产品质量日新月异，尤其是意形珠的研发与生产在同行中首屈一指。在行业中率先通过ISO9001：2008质量体系认证和ISO14001:2004环境管理体系认证。同时积极开展品牌建设，争创名牌，坚持“质量为基础，品牌为动力”的可持续发展思路。2011年底，聘请国际当红影星黄圣依为天地润珍珠产品的形象代言人，提升公司产品的高端形象，扩大公司的知名度，让天地润品牌深入人心，成为珠宝产业一颗闪亮明珠。2012年产品成功进驻一、二级城市主流商场，开拓淘宝商城等电子商务销售平台，成立重点城市品牌运营中心，通过“直营店+加盟店+网络营销+连锁方式”实现链条式的互动发展，为天地润打造珠宝行业的民族品牌，建设国际大品牌的发展战略提供了保证。

天地润办公楼

珠宝皇后 伊丽罗氏

厚重的珍珠文化——LILYROSE（伊丽罗氏）以“让追求高品位生活的女性拥有完美、典雅、高贵的珍珠珠宝”为使命，致力于对珍珠文化的建立和传播，代表完美、典雅与高贵，保持着在中国高端珍珠珠宝业中的领航地位。为包括英国前首相撒切尔夫人、美国前总统夫人劳拉·布什、英国前首相夫人布莱尔、比利时玛西尔德王妃、西班牙皇后索菲亚·法兰利卡、好莱坞影星杰西卡·阿尔巴、影星尼古拉斯·凯奇、奥运冠军菲尔普斯等多位国际政要和名人进行专属服务。

罗华呈　董事长

完美的品质呈现——LILYROSE（伊丽罗氏）始终坚持全部珍珠品类的全球最佳产地采购原则，以及逐项工艺专业控制原则，为您保证每一款作品的精良品质。

经典的设计风格——LILYROSE（伊丽罗氏）携手擅长珍珠珠宝设计的国际珠宝设计大师 Alessio Boschi 创作系列作品，Alessio Boschi 的每件作品的设计均为手绘，并以欧洲传统手工工艺呈现“珠宝皇后”完美、典雅与高贵的风范。

欧洲的传统工艺——欣赏 LILYROSE（伊丽罗氏）的作品，可以全方位的、深刻的感受传承了欧洲手工珠宝的境界，作品的背面或底部都会用珠宝自身的个性元素加以修饰，并不因“隐蔽”而放弃对完美的呈现。在保证高品质的主石同时，也绝不放弃对辅石的细节追求。而这些都为了呈现 LILYROSE（伊丽罗氏）对极致完美的热切期许。

自 2004 年以来，LILYROSE（伊丽罗氏）品牌已在北京燕莎友谊商城、杭州大厦购物城等顶级商厦展开合作，为更多消费者带来完美的品位和国际化的真实触感。在世界高端珍珠珠宝舞台上，中国不再缺席。

浙江欧诗漫集团有限公司

沈志荣 总经理

浙江欧诗漫集团始创于 1967 年，地处中国人工养殖淡水珍珠发源地——浙江德清，是国内集珍珠养殖、珍珠化妆品、珍珠生物保健品、珍珠饰品，产、供、销于一体的综合性集团企业之一，欧诗漫珍珠系列产品连续六届成为浙江名牌产品，省首选旅游特产，湖州市游客最喜爱的旅游商品企业，是国家农业部等八部委认定的首批农业产业化国家重点龙头企业，为中国农学会指定珍珠生产加工基地。被誉为“珍珠美学专家”，2012 年 4 月被国家工商行政总局认定为中国驰名商标。

近年来公司主要实施大珍珠品牌战略，进行“技术、渠道、品牌”三大转型升级。2012 年，公司实现销售收入 15 亿元，税利超千万元。随着企业快速发展的同时，公司决定在“十二五”期间投入 6.8 亿元，用于建造“欧诗漫珍珠生物产业园”项目，并努力将其建设成为满足企业品牌文化和中国珍珠文化的宣传推广要求，加快转型发展，打造欧诗漫珍珠博物馆、珍珠科普教育基地，珍珠生物产业园等，构建珍珠文化走廊、珍珠历史博物馆、珍珠产品展示、旅游购物、休闲娱乐等多项功能于一体的珍珠文化主题体验式工业旅游航母。

京润珍珠集团

京润珍珠集团1994年诞生于中国海南省，历经十余年发展，现已成为集珍珠养殖、研发、生产、销售和文化展示于一体，跨珍珠饰品、保健品、化妆品三大行业、国内最大的珍珠专营集团公司之一，业务涉及珍珠饰品、珍珠化妆品、珍珠保健品、珍珠养殖以及珍珠深加工等领域，销售网络遍及国内各省、市、自治区。现旗下有深圳京润珍珠控股有限公司、海南京润珍珠生物技术股份有限公司、海南京润珍珠有限公司、海南京润珍珠养殖有限公司、海南京润珍珠博物馆有限公司、三亚京润珍珠文化馆有限公司、三亚京润珍珠研究院有限公司以及深圳京润珍珠销售有限公司等。

周树立　董事长

三亚京润珍珠文化馆

南珠宫

王世全 董事长

“南珠宫”品牌诞生于美丽的南珠故乡——广西北海，其前身为北海珍珠总公司，始创于1958年，是中国创办最早的海水珍珠养殖基地，从事珍珠养殖的研究加工已有50余年的历史，是集海水珍珠养殖、加工、销售于一体的产业化企业，经营品类包括珍珠首饰、化妆品、保健品等。中国第一颗人工海水养殖珍珠即诞生于此。经半个世纪的风雨历程，南珠宫已成为一个承载南珠历史的名字，一个肩负南珠发展使命的标志，一个值得信任的品牌。

“南珠宫”是国家海水珍珠标准样品研制单位，是首家获准使用合浦南珠地理标志保护产品专用标志的企业，并被评为广西名牌产品和广西著名商标。南珠宫作为文化产业示范基地，凭借深厚的南珠文化与和谐的企业文化，成为当地政府对外接待的主要窗口，曾接待过多位党和国家领导人以及国际知名人士。随着电子商务的日益发展，南珠宫开展灵活的营销策略，除继续拓展中、美两个市场外，已入驻淘宝、京东等国内电子商务平台。完善的营销网络，进一步扩大了品牌市场占有率。

办公楼外观

南珠宫一直遵循创造美丽需求、缔造美丽文化的品牌精神，给予追求至臻美丽的女性真正美的享受。

千年南珠传承，百年品牌铸就。

海南海润珍珠股份有限公司

海南海润珍珠股份有限公司（简称海润珍珠）创建于1997年，是在原三亚海润珠宝有限公司基础上发起改制而成。公司集珍珠科研养殖、珍珠饰品设计加工、珍珠生物制品开发、珍珠系列产品销售于一体，成立十多年来，坚持“专业·品质·创新”精神，秉承“海纳百川，润泽万物，追求卓越，铸造名牌”的经营理念，在业内率先通过ISO9001国际质量管理体系认证，导入ERP财务物流管理系统及CRM客户管理系统，建立了较为完整的珍珠产业链和线上线下纵向联通的市场营销网络，成为中国珠宝首饰行业驰名品牌企业。

张士忠　董事长

海润珍珠视产品为企业生存和发展之本，坚持走高端之路，聘请国内外知名设计师开发新产品，独家创办中国珍珠新品发布会这一平台，是中国珍珠文化推广优秀企业，先后获得了海南省名牌产品、海南省著名商标、中国珍珠真品标志认证、第53届世界小姐总决赛唯一指定珍珠饰品、全国双爱双评优秀企业、中国海水珍珠标准样品研制单位、2011海南省创先争优活动优秀旅游购物商店、国家科技进步二等奖等荣誉。

为了抓住海南建设国际旅游岛的历史机遇，海润珍珠适时提出了“做百年企业，做中国珍珠行业的领先者，做世界珠宝名牌”的三大愿景，加快行业重组，大力发展优质南洋珍珠养殖，积极开拓中国内地市场和电子商务。不断进取的海润珍珠正以积极的姿态引领着中国珍珠行业的快速发展，再创南珠辉煌。

海南美裕营销有限公司

吴美玉 董事长

美裕珍珠，1933年起源于印度尼西亚，在海南岛成长。历经80年的发展历程，美裕珍珠拥有专业化珠宝设计、加工与服务的高素质团队。如今，美裕珍珠已成为南珠最具代表性的民族品牌；也已成为海南唯一一家集珍珠养殖、加工到销售全过程的历史最悠久的珍珠专业公司。2010年，美裕珍珠实现了跨越式发展。业界，与珠宝行业精英老凤祥、周生生达成紧密合作；业外，与中国免税集团、海航集团展开全面战略合作。美裕在全国各地的品牌专卖店，经营规模不断扩大，品牌层次不断提升。拥有海南目前最大的专业珠宝商城——占地1680m^{2}的美裕国际珍珠城，在全国各主要城市开设专卖店、加盟店，打造北京、上海、深圳三大中心市场，从而辐射中国经济最活跃、时尚潮流最具引领性的地区。在未来五年里，美裕将实现全国市场品牌合作商及专营网点覆盖到100家。美裕珍珠成功进军时尚奢侈品市场，不仅是美裕珍珠品牌定位的突破，也将引领中国珍珠行业新潮流。

美裕珍珠专注于珍珠文化的挖掘和传播，倡导活力与时尚，打造高贵与奢华。努力打造中国乃至国际知名的珍珠品牌。以高贵、奢华、优雅的品牌形象及优质的服务立足于国内珠宝行业。为高端人士普及珍珠知识及文化，让大家认识珍珠，并且爱上这个用生命孕育出来的珠宝，从而进一步认识和了解美裕珍珠——这个为珍珠事业孜孜奉献了四代的珍珠世家。

沈阳月光珠宝制造有限公司

赵 威 董事长

沈阳月光珠宝制造有限公司成立于1996年，坐落于沈阳市浑南新区，厂房面积5000多平方米。最初经营珍珠零售业务，2000年开始生产经营珍珠首饰专用珠扣并开始拓展国际市场，目前已经是国内唯一的具有国际竞争力的专业珠扣制造商和供应商。

沈阳月光珠宝制造有限公司目前旗下拥有两个业务项目。

其一，ROGO月光珍珠，属专业珍珠珠宝品牌运营，经过17年的发展，目前已在东北地区拥有30个商场专柜，销售大溪地黑珍珠、南洋白珠、南洋金珠和日本珍珠等中高端珍珠品种。ROGO月光珍珠致力于打造中国自己的珍珠珠宝高端品牌。

其二，MOONLIGHT月光珠扣，属珍珠珠宝行业专业配件。公司目前生产着包括压片、插棒、磁力、弹力、龙虾类等各种珠扣产品2000多种，可以生产符合欧洲、美国、日本及亚洲各个国家和地区技术结构的产品，品质均可达到国际要求，产品远销世界各地，月光珠扣目前在世界各地拥数千家客户，并且以精美的设计、精湛的工艺、精良的品质及良好的售后服务深受客户信赖。目前，公司自主研发设计的产品，已经取得了三十多项产品技术专利。在珠扣生产领域处于全球领先地位。

苏州江南名珠国际珠宝有限公司

张惠明 董事长

苏州江南名珠国际珠宝有限公司（前身为创建于1986年的苏州华东珠宝工艺厂），是致力于淡水珍珠的养殖、采集、设计加工及销售达20年的专业性珠宝公司。作为渭塘淡水珍珠养殖与加工技术非物质文化遗产传承单位，苏州江南名珠国际珠宝有限公司历年来以弘扬千年太湖淡水珍珠文化为己任，把传播珍珠典雅、高贵、纯洁、婉约的美作为不懈的追求。

公司有精养水面500余亩，原材料品质和附加值逐年提升；产品研发水平、生产加工能力不断提高，一流的珍珠饰品备受顾客青睐；市场的拓展、广告宣传的有效介入使公司品牌知名度和美誉度不断扩大；经济效益持续稳定增长。近年来我公司先后获得众多荣誉：首届珠宝博览会评选出的“淡水珍珠冠军”，捐赠中国珍珠宝石城典藏；先后被评为青年诚信商户、中国珠宝玉石首饰行业放心示范店、首届中国珠宝行业十大领袖品牌；2006年批准为中国珠宝玉石首饰行业协会常务理事单位会员等。

华东国际珠宝城

林贤富 执行董事

华东国际珠宝城是由香港民生集团（香港股票代码0938 HK）控股，与浙江山下湖珍珠集团有限公司（SH股票代码002173）、浙江阮仕珍珠集团有限公司（上市辅导期）、浙江天使之泪珠宝有限公司、德兴珍珠有限公司共五家珠宝龙头企业携手于香港注册成立，以港资独资开发建设运营，实力强大，项目定位为世界珍珠珠宝交易中心。

华东国际珠宝城位于世界著名的“中国珍珠之都”——浙江诸暨山下湖，是浙江省重点建设项目。总规划面积达120万平方米，总投资超过30亿元。华东国际珠宝城整体分为五大区，包括珠宝原材料、成品及加工设备交易区、国际珠宝展示区、国际珠宝加工区、国际商务配套区及国际生活配套区，集珍珠、珠宝、首饰深加工、研究开发、设计、镶嵌、制造、批发、零售、保税物流、仓储配送、电子商贸、会议展览和中介服务于一身。

目前，市场辐射美国、日本、俄罗斯及东南亚等60多个国家和地区，市场淡水珍珠年交易总量占全国的80%，占世界淡水珍珠交易总量的75%以上，奠定了世界淡水珍珠交易中心的地位。珠宝城联合香港达成集团及银行金融等相关部门，建立了珍珠原料和交易价格指数，目前已在市场交易网(www.cpjcity.com)上发布。市场被评为“国家4A级旅游景区”、“浙江省五星级文明规范市场”、“全国诚信示范市场”、“中国百强市场”、“浙江省十大转型升级示范市场”、“浙江省重点培育市场”、“全国重点联系批发市场”、“中国浙商行业龙头市场”、“中国最具商品价值品牌市场50强”等荣誉称号。

北京红桥市场

北京红桥市场是踏着中国改革开放的鼓点于 1979 年 10 月建立的，是北京市最早的集贸市场之一。红桥市场大楼是一座地下三层，地上五层，总建筑面积 3 万多平方米，设有中央空调、滚梯、直梯、电视监控系统、自动消防报警系统等现代化设施的商厦。

红桥市场汇集了包括美国、日本、韩国和我国大陆台湾、香港地区的 200 多家珍珠经营公司和商户，这里淡水珍珠、海水珍珠、南洋珍珠、大溪地珍珠等所有名贵、稀有珍珠一应俱全，已经成为全球规模最大、档次最高的珍珠零售市场。被誉为“北京永不落幕的珠宝博览会”。在全球各大旅行社的旅游手册和指导手册中，红桥市场以“pearl market”（珍珠市场）的名字，被作为地标性建筑重点标记，成为外宾在京购物最集中的场所之一。

截至目前，红桥市场已接待 1500 余批次的重要外国首脑及团队来市场参观购物。撒切尔夫人来中国三次，每次都到红桥市场；美国国务卿奥尔布赖特也曾到红桥市场参观购物并签名留念；普京夫人对红桥市场所提供的商品和服务非常满意；美国前总统卡特、老布什，小布什夫人、芬兰总统哈洛宁、加拿大总统夫人等政界要人都曾购买过红桥的珍珠或亲自到过红桥市场参观购物。另外，十几年来，红桥市场还圆

解文生 总经理

满完成了北京市各项重大外事活动的接待任务，其中包括：世妇会、大运会、亚运会、中非论坛、北京奥运会等。每年以普通游客身份到市场购物的外宾超过 100 万人。

红桥市场的发展、崛起源于珍珠，红桥市场的发展反过来又成就了中国珍珠。红桥市场在今后的发展中，将继续把珍珠产品作为自身的主要强势产品，并不断增加其他各类特色旅游商品，逐渐将市场打造成为一个以珍珠产品为龙头的国际化旅游商品市场。为中国珍珠走向国际市场作出了自己的贡献。

苏州珠宝国际交易中心

黄达华 董事长

苏州珠宝国际交易中心是苏州市政府重点项目，由国际知名珠宝巨头——香港怡安（集团）董事长黄达华先生、长青（国际）珠宝有限公司联合投资8亿元鼎力打造，地处长三角经济核心圈，坐落于“中国淡水珍珠之乡”苏州市相城区渭塘。项目总建筑面积近10万平方米，共五层，商铺千余间，选用国际一流品牌的材料及设备，气势恢宏，汇集了黄金、玉器、宝石、珊瑚、珍珠、珠宝时尚首饰及工艺品等各类产品。

苏州珠宝国际交易中心一楼下层珠宝首饰交易区，已全面营业，汇聚了百余家珠宝龙头企业，其中港台地区的众多一线品牌珠宝商家首次进入大陆市场，为大陆珠宝市场注入时尚魅力，突显港台珠宝的奢华。形成珠宝品牌区、香港区、台湾区、珍珠区等，主要经营：珠宝、玉器、钻石、珍珠、宝石、黄金、白银、珊瑚、琥珀、水晶、工艺品等。一楼为珠宝首饰交易区，经营钻石、珍珠、宝石、玉器、珊瑚、黄金首饰、银首饰、工艺品。二楼为休闲娱乐配套设施；三楼为餐饮配套设施；四楼为多功能会议厅等。

苏州珠宝国际交易中心立足长三角，辐射全中国，连接东南亚，依托苏州市相城区渭塘珍珠区域产业规模效应，整合行业资源优势，高起点、多元化，形成以港澳台及东南亚珠宝品牌为旗帜，长三角区域品牌为支撑，打造以产品差异化、业态多元化、配套特色化、服务便捷化为特色的国内外珠宝品牌、时尚饰品、时尚用品、酒店餐饮、旅游购物多功能厅、培训、信息化一体的中国乃至亚洲最具规模的珠宝批零兼营的交易中心。

附录 1

我国珍珠历史分期及主要文献记载一览表

<table>
<tr><th>历史分期</th><th>体现时代</th><th>文献名称</th><th>相关内容</th><th>备 注</th></tr>
<tr><td rowspan="8">萌芽期</td><td>史前</td><td>《山海经》</td><td>“楚水出焉，而南流注于渭，其中多白珠”。</td><td>佚名著，成书不晚于战国</td></tr>
<tr><td rowspan="3">夏</td><td>《尚书·禹贡》</td><td>“厥贡惟土五色，羽畎夏翟，峄阳孤桐，泗滨浮磬，淮夷嫔珠暨鱼。”</td><td>淮夷嫔珠：淮水夷水的河蚌珠(战国)</td></tr>
<tr><td>《海史·后记》</td><td>“东海鱼须鱼目，南海鱼革现珠大贝。”</td><td>成书于商</td></tr>
<tr><td>《拾遗记·夏禹》</td><td>“禹乃负火而进，有兽状如豕，衔夜明之珠，其光如烛。”</td><td>王嘉（东晋）</td></tr>
<tr><td rowspan="3">周</td><td>《逸周书》</td><td>“因其的士所有，献之必易，得而不贵，其为四方献令”。
“请令以珠玑、玳瑁向周成王进贡”。</td><td>《周书》</td></tr>
<tr><td>《周礼·天官·玉府》</td><td>“若合诸侯，则共珠槃玉敦。”</td><td>周公旦</td></tr>
<tr><td>《格致镜原》引《妆台记》</td><td>“周文王于髻上加珠翠翘龙、傅之铅粉，其髻高，名凤髻。”</td><td>陈元龙（清）</td></tr>
<tr><td>春秋战国</td><td>《拾遗记》</td><td>至燕昭王时，有国献于昭王。王取瑶漳之水，洗其沙泥，乃嗟叹曰：“自悬日月以来，见黑蚌生珠已八九十遇，此蚌千岁一生珠也。”珠渐轻细。昭王常怀此珠，当隆暑之月，体自轻凉，号曰“销暑招凉之珠”也。</td><td>王嘉（东晋）</td></tr>
</table>

续表

历史分期	体现时代	文献名称	相关内容	备注
萌芽期	春秋战国	《韩非子》	“和氏之璧，不饰以五彩；隋侯之珠，不饰以银黄，其质其美，物不足以饰。”	韩非《买椟还珠》
		《韩非子·外储说左上》	“楚人有卖其珠于郑者，为木兰之柜，熏以桂椒，缀以珠玉，饰以玫瑰，辑以羽翠，郑人买其椟而还其珠。”	
		《说文》	“蜃属，谓之珠者也。谓老产珠者也。一名蚌，一名含浆，周礼谓之（豸卑）物。”	许慎（东汉）
		《尔雅》	“以金者为之铣，以蜃者为之珧，以玉者谓之珪。” “西方之美者，有霍山之多珠玉民。”	成书战国至西汉
		《管子》	“珠者，阴之阳也，故胜火。”	刘向（西汉）
		《战国策》	“君之府藏珍珠宝石。”	
第一次兴盛期	秦	《吕氏春秋》	“含珠鳞施，夫玩好货宝 ，钟鼎壶滥，轝馬衣被戈剑，不可胜其数。”	吕不韦
	汉代（高峰期）	《史记》	“明月之珠出于江海，藏于蚌中。” “夫余出名马、赤玉、貂狖、美珠，珠大者如酸枣。”	司马迁
		《汉书》	“二郡在大海中，崖岸之边。出真珠，故曰珠崖。” “使人入海市明月大珠至围二寸以上。” “从河渚得大珠径数寸，明耀绝世。”	班固（东汉）
		《旧唐书》	“汉武帝元封元年，遣使自徐闻南入海，得大洲，东西南北方一千里，略以为珠崖、儋耳二郡”。 “廉州珠池与民共利，近闻本道禁断，遂绝通商。宜令本州任百姓采取。”	刘昫、张昭远等（五代后晋）

续表

历史分期	体现时代	文献名称	相关内容	备　注
第一次兴盛期	汉代（高峰期）	《淮南子》	“明月之珠，螺蚌之病而我之利也。”	刘 安
第一次兴盛期	汉代（高峰期）	《后汉书》	“郡（指合浦）不产谷实，而海出珠宝，与交址（今越南）比境，常通商贩，贸籴粮食，先时宰守并多贪秽，诡人采求，不知纪报，珠逐渐徙于交址郡界。于是行旅不至，人物无资，贫者饿死于道。尝到官，革易前弊，求名病利。曾未逾岁，去珠复还，百姓皆反其业，商贸流通，称为圣明。”	“合浦还珠”，范晔（南朝宋）
第一次兴盛期	汉代（高峰期）	《后汉书·顺帝纪》	“文碧不竭忠官力，而远献大珠求媚，其封还之。”	东汉顺帝（126至144年）
第一次兴盛期	汉代（高峰期）	《列仙传》	“汉高后时，下书求三寸珠。仙人朱仲，在会稽市贩珠，乃献之。赐金百斤。鲁元公主私以金七百斤，从仲求珠。复献四寸者。”	旧题为西汉刘向撰
第一次兴盛期	汉代（高峰期）	《海人谣》	“海人无家海里住，采珠役象为岁赋。恶波横天山塞路，未央宫中常满库。”	王健（唐）
第一次兴盛期	三国	《南州异物志》	“合浦民善游采珠，儿年十余岁，使教入水。”	万震（吴）
第一次兴盛期	三国	《名医别录》	“生南海，味甘，咸，无毒。主心气，鬼疰，蛊毒，吐血。皮上有真珠斑。”	佚名著（汉末）
第一次兴盛期	晋	《晋书·陶璜列传》	“合浦郡土地硗瘠，无有田农，百姓唯以采珠为业，商贾去来，以珠贸米” “今请上珠三分输二，次者输一，粗者蠲除。自十月讫二月，非采上珠之时， 听商旅往来如旧。”	房玄龄、褚遂良等（唐）
第一次兴盛期	晋	《交州记》	“合浦围州有石室。其里一石如鼓形，见榴木杖，倚著名壁，采珠人常祭焉。”	刘欣期

续表

历史分期	体现时代	文献名称	相关内容	备　注
第一次兴盛期	南北朝	《南越志》	“珠有九品，寸五分以上至寸八九分者为大品，有光彩，一边小平似覆釜者名璫珠，璫珠之次名走珠，走珠之次为滑珠，滑珠之次为磊砢珠，磊砢珠之次为官珠雨珠，官雨珠之次为税珠，税珠之次爲蒽珠。”	沈怀远
		《本草经集》	“有治目肤翳，止泄。”	陶弘景（梁）
		《文心雕龙》	“敬通（冯衍）雅好辞说，而坎壈盛世，显志自序，亦蚌病成珠。”“其孕珠若怀妊然，故谓之珠胎。”	刘勰（501 至 502）年
	隋	《隋书·地理志》	“各一都会也，并所处近海，多犀象玳瑁珠玑，奇异珍玮，胡商贾至者，多取富焉。”	魏徵等（唐）
		《古今注》	“至隋帝，于江都宫水精殿令宫人戴通天百叶冠子，插瑟瑟钿朵，皆垂珠翠，披紫罗帔。”	崔豹
	唐	《岭表录异·池珠》	“廉州边海中有洲岛，岛上有大池，谓之珠池。每年刺史修贡，自监珠户入池采以充贡。”	刘恂
		《合浦还珠状》	“合浦县内珠池，大宝年（公元 742 年）以来，官吏无政，珠逃不见，20 年间阙于进奉，今年 2 月 15 日，珠还旧浦。”	宁龄先（764 年）
	五代十国	《海药本草》	“为药须久研如粉面，方堪服饵。”	李旬（五代）
		《岭南丛述》	“所居殿宇梁帘箔，率以珠饰，穷极华丽。”	邓淳（清）

续表

历史分期	体现时代	文献名称	相关内容	备 注
第二次兴盛期	五代十国	《南汉春秋》	“南汉刘龑聚南海珍宝，以为珠殿。昭阴殿以金为仰阴，银为地面，檐楹榱桷，皆饰以银，殿下设水渠，浸以珍珠。”	刘应麟(1850年)
		《东莞县志》	“南汉后主大宝六年（公元963年）置媚川都于东莞。刘鋹据岭南，置兵八千人，专以采珠为事。名曰媚川都。”	
	宋	《文昌杂录》	“有一养珠法，以今所作假珠，择光莹圆润者，取稍大蚌蛤，以清水浸之，伺其开口，急以珠投之。频换清水，夜置月中，蚌蛤来玩月华，此经两秋即成珠矣。”	庞元英
		《桂海虞衡志·志蛮》	“蜑，海上水居蛮也。以舟楫为家。采海物为生，且生食之。入水能视。合浦珠池蚌蛤，惟蜑没水采取。”	范成大
		《三朝北盟会编》	“北珠美者，大如弹子，小者若梧子，皆出辽东海汊中，每八月望，月如昼，则珠必大，乃以十月方采取珠蚌，而北方沍寒，九、十月则坚冰厚已盈尺矣，凿冰没水而捕之，人以病焉。”	徐梦莘
		《会稽风俗赋》	“输芒之蟹，孕珠之蠃，文身合氏之子，跣足从事之徒，街填巷委，与土仝多，异兽珍禽，孱铜吐绶。”	王十朋（宋）蠃，通“螺”，蚌属
		《文献通考》	“开宝五年诏罢岭南道媚川都采珠””“仍禁民采取，未及，复官取。”“自太平兴国二年贡珠百斤，七年贡五十斤，径寸者三。八年贡千六百一十斤，皆珠场所采。”	马端临（1307年）

续表

历史分期	体现时代	文献名称	相关内容	备　注
第二次兴盛期	元	《元史·顺帝二》	“中书参知政事纳麟等请立采珠提举司。先是尝立提举司，泰定间以其烦扰罢去。至是纳麟等请复立之，且采珠户四万赐伯颜（弘吉剌氏伯颜）。”	宋濂等（明）
		《松窗梦语》（合订本）卷4《商贾纪》	“器具充栋与珍玩盈箱。”“贵极党玉、雷琼珠、滇金、越翠。”	张瀚
	明（高峰期）	《本草纲目》	“珍珠味咸甘寒无毒，镇心点目；珍珠涂面，令人润泽好颜色。涂手足，去皮肤逆胪；坠痰，除面斑，止泻；除小儿惊热，安魂魄；止遗精白浊，解痘疗毒。”	李时珍
		《明宪宗实录》	“成化七年六月壬庚戌条中记：其他海寇也常寇掠雷、琼的珠池，如成化七年(1471年）交人驾驶双桅大船到雷、琼二府偷捞珠池。”	胡广等
		《天工开物》	“凡中国珠必产雷、廉二池”。“珠方内惟雷廉焉，然廉州海池五，雷仅一焉。”“我朝弘治中一采得二万八千两，万历中一采止得三千两，不偿所费。”“凡珠生止有此数，采取太频，则其生而不继。经数十年不采，则蚌乃安其身，繁其子孙而广孕宝质。”	宋应星
		《乞罢采珠疏》	“嘉靖5年采珠之役，死者万计，而得珠仅80两，天下谓以人易珠，恐今日虽以人易珠，亦不可得。”	巡抚都御史林富上疏（1526年）

续表

历史分期	体现时代	文献名称	相关内容	备注
第二次兴盛期	明（高峰期）	《广阳杂记》	“金陵人林六，牛仲云侄婿，玉工也。其人多巧思，工琢玉，言制珠之法甚精。碾车渠为珠形，置大蚌口，养之池内，久则成珠。但开口法未得要耳。旧法用碎珠为末，以乌菱角壳煎煮为丸，纳蚌腹中，久自成珠。此用车渠，较为胜之。”	刘献廷（明末）
	清	《广东新语》	“养殖者，以大蚌浸水盆中，而以蚌质车作圆珠，矣大蚌口开而投之，频易清水，乘夜置月中，大蚌采玩月华，数月即成真珠。是谓养珠。”	屈大均（1678年）
		《采珠序》	“岭南北海所产珍珠，皆不及北珠之色如淡金者名贵。”	徐兰（1654至1722）
		《梵天庐丛录》	“牡丹江上游，宁安城南，其余巨流中皆有之。” “实远胜岭南北海之产物。”	柴萼
		《爱月轩笔记》	慈禧尸体入棺前，先在棺底铺三层金丝串珠锦褥和一层珍珠，共厚一尺。头部上首为翠荷叶；脚下置粉红碧玺莲花。头戴珍珠凤冠，冠上最大一颗珍珠大如鸡卵，价值1千万两白银。	李成武（1908年）
		《钦定满洲源流考》	“东珠出混同及乌拉，宁古塔诸河中，匀圆莹白，大可半寸，小者亦如菽颗，王公等冠顶饰之，以多少分等秩，招宝贵焉。”	阿桂等（1777年）

续表

历史分期	体现时代	文献名称	相关内容	备注
第三次兴盛期	建国后至今（高峰期）	《河蚌无核珍珠形成的初步研究》	首篇人工养殖论文	熊大仁（1963年）
		《养殖珍珠分级国家标准》	首部国家珍珠标准（GB/T 18781-2002）	国家质检总局（2002年）

注：本次研究实际查阅历史文献近200篇，由于篇幅所限，仅列上述主要文献。

附录 2

珍珠分级（GB/T18781—2008）

1. 范围

本标准规定了养殖珍珠的定义、分类、质量因素及其级别、等级指标、检验方法和标识的要求。

本标准适用于养殖珍珠的生产、贸易、质量评价等活动，不适用于经辐照、染色等处理的养殖珍珠的分级。

天然珍珠的分级也可参照执行。

2. 规范性引用文件

下列文件中的条款通过本标准的引用而成为本标准的条款。凡是注日期的引用文件，其随后所有的修改单（不包括勘误的内容）或修订版均不适用于本标准，然而，鼓励根据本标准达成协议的各方研究是否可使用这些文件的最新版本。凡是不注日期的引用文件，其最新版本适用于本标准。

GB / T 16552 珠宝玉石 名称

GB / T 16553 珠宝玉石 鉴定

3. 术语和定义

GB / T 16552、GB / T 16553 确立的以及下列术语和定义适用于本标准。

3.1 天然珍珠 pearl

在贝类或蚌类等动物体内，不经人为因素自然的分泌物。它们由碳酸钙（主要为文石）、有机质（主要为贝壳硬蛋白）和水等组成，呈同心层状或同心层放射状结构，呈珍珠光泽。

根据生长水域不同可划分为天然海水珍珠和天然淡水珍珠。

在海水中产出的天然珍珠为天然海水珍珠。

在淡水中产出的天然珍珠为天然淡水珍珠。

3.2 养殖珍珠 cultured Pearl

珍珠

在贝类或蚌类等动物体内珍珠质的形成物，珍珠层呈同心层状或同心层放射状结构，由碳酸钙（主要为文石）、有机质（主要为贝壳硬蛋白）和水等组成。对于所有的养殖珍珠，珍珠层是由活着的软体动物的分泌物形成的。人工干预只是为了开始这一过程，不论是插核的还是插片的。

根据生长水域不同可划分为海水养殖珍珠和淡水养殖珍珠；根据有无珠核可划分为有核养殖珍珠和无核养殖珍珠；根据是否附壳可划分为游离型养殖珍珠和附壳型养殖珍珠。

3.2.1 海水养殖珍珠 seawater cultured pearl

海水珍珠

在海水中贝类生物体内形成的养殖珍珠。

根据贝种类别不同可划分为不同的子类型：马氏珠母贝海水养殖珍珠、白蝶贝海水养殖珍珠、黑蝶贝海水养殖珍珠和企鹅贝海水养殖珍珠等。

3.2.2 淡水养殖珍珠 freshwater cultured pearl

淡水珍珠

在淡水中蚌类生物体内形成的养殖珍珠。

根据蚌种类别不同可划分为不同的子类型：三角帆蚌淡水养殖珍珠、褶纹冠蚌淡水养殖珍珠和背角无齿蚌淡水养殖珍珠等。

3.2.3 附壳养殖珍珠 Hankei pearl

在海水珠母贝的壳体内侧或在淡水河蚌的壳体内侧特意植入半球形或四分之

三球形等非球形珠核而生成的养殖珍珠，珠核扁平面一侧常连附于贝壳上。

3.3 珠核 nucleus

养殖珍珠核心中的人工植入物。

3.4 珍珠层 nacre

有核养殖珍珠珠核外的部分，主要由碳酸钙（主要为文石）并含有机质（主要为贝壳硬蛋白）及水等组成，具同心层状或同心层放射状结构。

3.5 珠层厚度 nacre thickness

从珠核外层到养殖珍珠表面的垂直距离。

3.6 颜色 color

养殖珍珠的体色、伴色及晕彩综合特征。

3.7 体色 body color

养殖珍珠对白光选择性吸收产生的颜色。

3.8 伴色 over tone

漂浮在养殖珍珠表面的一种或几种颜色。

3.9 晕彩 iridescence

在养殖珍珠表面或表面下形成的可漂移的彩虹色。

3.10 直径差百分比 diameter difference percent

最大直径与最小直径之差与最大最小直径平均值之比的百分数。

3.11 大小 size

单粒养殖珍珠的尺寸。

3.12 形状 shape

养殖珍珠的外部形态。

3.13 光泽 luster

养殖珍珠表面反射光的强度及映像的清晰程度。

3.14 瑕疵 blemish

导致养殖珍珠表面不圆滑、不美观的缺陷。

养殖珍珠表面常见瑕疵有：腰线、隆起（丘疹、尾巴）、凹陷（平头）、皱纹（沟纹）、破损、缺口、斑点（黑点）、针夹痕、划痕、剥落痕、裂纹及珍珠疤等。

3.15 光洁度 surface perfection

养殖珍珠表面由瑕疵的大小、颜色、位置及多少决定的光滑、洁净的总程度。

3.16 匹配性 matching attribute

多粒养殖珍珠饰品中，各粒养殖珍珠之间在形状、光泽、光洁度、颜色、大小等方面协调性程度。

3.17 标准样品 master pearl

用于确定养殖珍珠质量因素分级的比对实物标准样品。分淡水养殖珍珠标准样品和海水珍珠标准样品两种类型。

3.18 珍珠饰品 cultured Pearl jewelry

由养殖珍珠经穿线、粘接、贵金属镶嵌等工艺制成的饰品。包括珠串（项链、手链、手环、手镯、指圈）、戒指、耳饰、发饰、足饰、服饰（胸花、领带夹、袖扣）等。

3.19 拼合珍珠 Coposite cultured pearl

人工加工的产品，外部或上半部分为养殖珍珠，其他部分用养殖珍珠或其他物质拼合而成。

4. 海水珍珠质量因素及级别

4.1 颜色

4.1.1　海水珍珠的颜色分为下列五个系列，包括多种体色。

a）白色系列：纯白色、奶白色、银白色、瓷白色等；

b）红色系列：粉红色、浅玫瑰色、淡紫红色等；

c）黄色系列： 浅黄色、米黄色、金黄色、橙黄色等；

d）黑色系列：黑色、蓝黑色、灰黑色、褐黑色、紫黑色、棕黑色、铁灰色等；

e）其他：紫色、褐色、青色、蓝色、棕色、紫红色、绿黄色、浅蓝色、绿色、古铜色等。

4.1.2 海水珍珠可能有伴色，如白色、粉红色、玫瑰色、银白色或绿色等伴色。

4.1.3 海水珍珠表面可能有是彩，晕彩划分为晕彩强、晕彩明显，有晕彩。

4.1.4 颜色的描述：以体色描述为主，伴色和晕彩描述为辅。

4.2 大小

正圆、圆、近圆形海水养殖珍珠以最小直径来表示，其他形状海水养殖珍珠以最大尺寸乘最小尺寸表示，批量散珠可以用珍珠筛的孔径范围表示。

4.3 形状级别

形状级别划分见表 1。

表 1 海水珍珠形状级别

形状级别		质量要求（直径差百分比 /%）
中文	英文代号	
正圆	A_1	≤ 1.0
圆	A_2	≤ 5.0
近圆	A_3	≤ 10.0
椭圆 a	B	＞ 10.0
扁平	C	具有对称性，有一面或两面成近似平面状
异形	D	通常表面不平坦，没有明显对称性

a 含水滴形、梨形

4.4 光泽级别

光泽级别划分见表 2。

表 2 海水珍珠光泽级别

光泽级别		质量要求
中文	英文代号	
极强	A	反射光特别亮、锐利、均匀，表面像镜子，映像很清晰
强	B	反射光明亮、锐利、均匀，映像清晰
中	C	反射光明亮，表面能看见物体影像
弱	D	反射光弱，表面能照见物体，但映像较模糊

4.5 光洁度级别

光洁度级别划分见表 3。

表 3 海水珍珠光洁度级别

光洁度级别		质量要求
中文	英文代号	
无瑕	A	肉眼观察表面光滑细腻，极难观察到表面有瑕疵
微瑕	B	表面有很少的瑕疵，似针点状，肉眼较难观察到
小瑕	C	有较小的瑕疵，肉眼易观察到
瑕疵	D	瑕疵明显，占表面积的四分之一以下
重瑕	E	瑕疵很严重，严重的占表面积的四分之一以上

4.6 珠层厚度级别

珠层厚度级别划分见表 4。

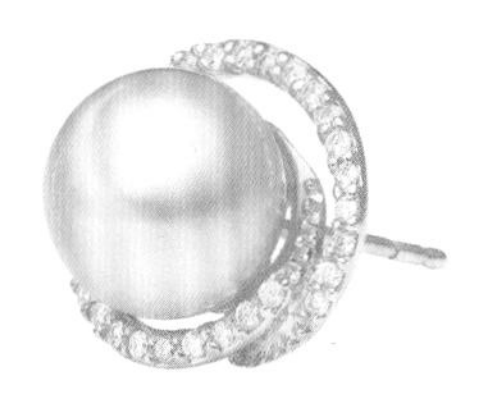

表 4　海水珍珠珠层厚度级别

海水养殖珍珠珠层厚度级别		珠层厚度/mm
中文	英文代号	
特厚	A	≥ 0.6
厚	B	≥ 0.5
中	C	≥ 0.4
薄	D	≥ 0.3
极薄	E	< 0.3

5. 淡水珍珠质量因素及级别

5.1　颜色

5.1.1　淡水珍珠的颜色分为下列五个系列，包括多种体色。

a）白色系列：纯白色、奶白色、银白色、瓷白色等；

b）红色系列：粉红色、浅玫瑰色、浅紫红色等；

c）黄色系列：浅黄色、米黄色、金黄色、橙黄色等；

d）黑色系列：黑色、蓝黑色、灰黑色、褐黑色、紫黑色、棕黑色、铁灰色等；

e）其他：紫色、褐色、青色、蓝色、棕色、紫红色、绿黄色、浅蓝色、绿色、古铜色等。

5.1.2　淡水珍珠可能有伴色，如白色、粉红色、玫瑰色、银白色或绿色等伴色。

5.1.3　淡水珍珠表面可能有晕彩，晕彩划分为晕彩强、晕彩明显、晕彩一般。

5.1.4　颜色的描述：以体色描述为主，伴色和晕彩描述为辅。

5.2　大小

正圆、圆、近圆形淡水养殖珍珠以最小直径来表示，其他形状淡水养殖珍珠以最大尺寸乘最小尺寸表示，批量散珠可以用珍珠筛的孔径范围表示。

5.3　形状级别

淡水无核养殖珍珠形状级别划分见表 5。

表 5 淡水无核养殖珍珠形状级别

形状级别及级别			质量要求（直径差百分比 /%）
中文		英文代号	
圆形类	正圆	A_1	≤ 3.0
	圆	A_2	≤ 8.0
	近圆	A_3	≤ 12.0
椭圆形类	短椭圆	B_1	≤ 20.0
	长椭圆 a	B_2	> 20.0
扁圆形类 b	扁平	C_1	≤ 20.0
	异形	C_2	> 20.0
异形		D	通常表面不平坦，没有明显对称性
a 含水滴形、梨形 b 具对称性，有一面或两面成近似平面状			

5.4 光泽级别

光泽级别划分见表 6。

表 6 淡水珍珠光泽级别

光泽级别		质量要求
中文	英文代号	
极强	A	反射光很明亮、锐利、均匀，映像很清晰
强	B	反射光明亮，表面能看见物体影像
中	C	反射光不明亮，表面能照见物体，但影像较模糊
弱	D	反射光全部为漫反射光，表面光泽呆滞，几乎无映像

5.5 光洁度级别

光洁度级别划分见表 7。

表 7　淡水珍珠光洁度级别

光洁度级别		质量要求
中文	英文代号	
无瑕	A	肉眼观察表面光滑细腻，极难观察到表面有瑕疵
微瑕	B	表面有非常少的瑕疵，似针点状，肉眼较难观察到
小瑕	C	有较小的瑕疵，肉眼易观察到
瑕疵	D	瑕疵明显，占表面积的四分之一以下
重瑕	E	瑕疵很严重，严重的占表面积的四分之一以上

6. 珍珠等级

6.1　珍珠等级

按珍珠质量因素级别，用于装饰使用的珍珠划分为珠宝级珍珠和工艺品级珍珠两大级。

6.2　珠宝及珍珠质量因素最低级别要求

6.2.1　光泽级别：中（C）

6.2.2　光洁度级别：

最小尺寸在 9mm（含 9mm）以上的珍珠：瑕疵（D）。

最小尺寸在 9mm 以下的珍珠：小瑕（C）。

6.2.3　珠层厚度（海水珍珠）：薄（D）。

6.3　工艺品级珍珠

达不到 6.2 要求的为工艺品级珍珠。

6.4　珠宝级珍珠分类

6.4.1　单粒珍珠饰品珍珠分级

按照第 4 章、第 5 章质量因素要求确定等级。

6.4.2　多粒珍珠饰品中珍珠分级

包括总体质量因素级别确定和匹配性级别确定两项内容。

6.4.2.1　各项总体质量因素级别确定

a）确定饰品中各粒珍珠的单项质量因素级别；

b）分别统计各单项质量因素同一级别珍珠的百分数；

c）当某一质量因素某一级别以上的百分数不小于 90% 时，则该级别定为总体质量因素级别；

6.4.2.2　匹配性级别确定

匹配性级别确定见表 8。

表 8　匹配性级别

匹配性级别		质量要求
中文	英文代号	
很好	A	形状、光泽、光洁度等质量因素应统一一致，颜色、大小应和谐有美感或呈渐进式变化，孔眼居中且直，光洁无毛边
好	B	形状、光泽、光洁度等质量因素稍有出入，颜色、大小较和谐或基本呈渐进式变化，孔眼居中且无毛边
一般	C	颜色、大小、形状、光泽、光洁度等质量因素有较明显差别，孔眼稍歪且有毛边

7. 检验方法

7.1　颜色

在灰色或白色背景下，避开明亮彩色物体，采用北向日光或采用色温为 5500K ~ 7200K 日光灯，距离被检样品 20cm ~ 25cm，肉眼距离被检样品 15cm ~ 20cm，滚动珍珠，找出主要颜色即体色；从养殖珍珠表面反射的光中，寻找珍珠有无伴色及晕彩；观察记录被检样品的体色、伴色或晕彩。

7.2 大小

7.2.1 直接测量法（仲裁法）

7.2.1.1 测量仪器

分度值不大于 0.02mm 的测量量具。

7.2.1.2 操作步骤

a）将被检样品清洁干净；

b）用测量量具测量并记录最大直径与最小直径。

7.2.1.3 表示方法

正圆形、圆形、近圆形珍珠以最小直径表示，其他形状给出最大和最小尺寸，单位：毫米（mm）。例如：8.0mm × 6.0mm。

7.2.2 筛分法

仅适用于批量散珠。

7.2.2.1 仪器设备

孔径规格的连续间隔不大于 0.5mm 的珍珠专用检测筛。

7.2.2.2 操作步骤

a）将被检样品清洁干净；

b）将被检样品过筛；

c）直至被检样品不能通过为止。

7.2.2.3 表示方法

以被检样品能通过及不能通过的两筛之孔径规格表示被检样品的大小。例如：5.0mm ~ 5.5mm。

7.3 形状

根据测量的数据，按式（1）计算直径差百分比 X（%），以确定养殖珍珠形状的级别，保留小数点后 1 位。

$$X = \frac{d_{max} - d_{min}}{\bar{d}} \times 100 \quad\cdots\cdots(1)$$

式中：

d_{max}——最大直径，单位为毫米（mm）；

d_{min}——最小直径，单位为毫米（mm）；

$\bar{d}$——最大最小直径平均值，单位为毫米（mm）。

7.4　光泽

采用北向日光或采用色温 5500K ~ 7200K 的日光灯，将被检样品与标准样品进行对比，注意观察被检样品对光的反射强度、均匀程度与影像程度，确定光泽级别。

7.5　珠层厚度

7.5.1　直接测量法（仲裁法）

7.5.1.1　方法原理

把切割制备好的被检样品置于测量显微镜下，测量珠层厚度。

7.5.1.2　测量仪器

测量显微镜：准确度≤ 0.01mm。

7.5.1.3　操作步骤

将被检样品从中间剖开、磨平，用测量显微镜测量珠层厚度，至少测量珍珠层的三个最大厚度和三个最小厚度，并取其平均值，确定珠层厚度级别。

7.5.2　X 射线法

7.5.2.1　方法原理

采用利 X 射线透视技术拍摄珍珠内部结构照片，利用计算机技术确定被测样品的珠层厚度。

7.5.2.2　测量仪器

X 射线仪：准确度≤ 0.02mm。

7.5.2.3　操作步骤

将被检测样品放入 X 射线仪载物台，拍摄被检测样品图像，利用计算机技术确定被检测样品的珠层厚度。至少选择两个穿过珍珠几何中心的剖面方向进行测量，取其平均值，确定珠层厚度级别。

7.5.3　光学相干层析法

7.5.3.1　方法原理

利用光学干涉原理，使珍珠珠层内部的背向散射光与参考光发生干涉，通过探测干涉信号来检测有核珍珠的珠层厚度。同时，通过扫描可以得到直观的珠层图像。

7.5.3.2　仪器仪器

光学相干层析（OTC）仪：准确度≤ 0.02mm。

7.5.3.3　操作步骤

将被检样品放置在样品台上，调焦，利用光学相干层析系统获得珠层图像，确定被检测样品的珠层厚度。至少选择两个穿过珍珠几何中心的扫描剖面进行测量，获得每个扫描剖面上珍珠层的三个最大厚度和三个最小厚度，取其平均值，确定珠层厚度级别。

7.6　光洁度

清洁并干燥被检样品后，滚动被检样品，肉眼观察、记录被检样品表面瑕疵的种类、多少和分布情况，确定被检样品的光洁度级别。

7.7　匹配性

清洁干燥被检样品，根据表 8 确定匹配性级别。

8. 分级人员要求

从事养殖珍珠分级的技术人员应受过专门的技能培训，掌握正确的操作方法。由二名至三名技术人员独立完成同一被检样品的级别划分，并取得统一结果。

9. 分级报告或证书基本内容

9.1 基本内容

分级报告或证书的基本内容应包括：

a）名称（应标明海水珍珠或淡水珍珠）；

b）珍珠或饰品中珍珠等级；

c）颜色；

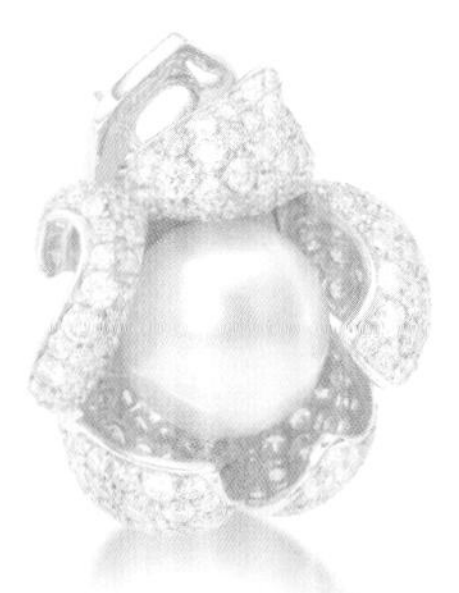

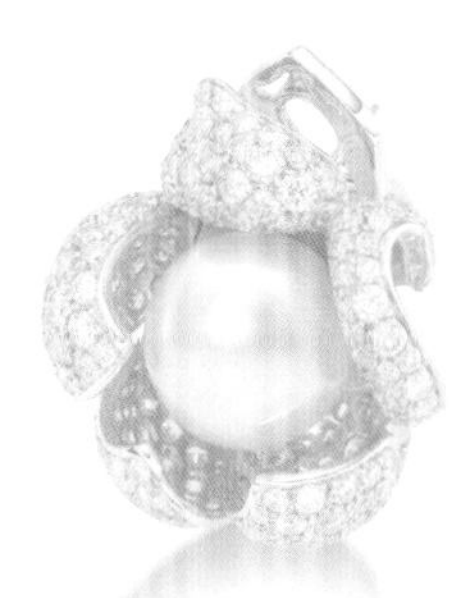

d）大小；

e）形状级别；

f）光泽级别；

g）珠层厚度级别（海水珍珠）；

h）光洁度级别；

i）匹配性级别（如果涉及）；

j）总质量（单位为克，g）。

9.2 质量因素级别的表示方法

分级报告、证书和标识中质量因素级别可以用中文和英文代号表示。

10. 标识

10.1 标示明示内容至少包括：

a）名称（应标明海水珍珠或淡水珍珠）；

b）珍珠等级；

c）大小；

d）形状、光泽、光洁度、珠层厚度（如果涉及）、匹配性（如果涉及）级别；

e）生产厂名、厂址；

f）执行标准编号。

10.2 当采用英文代号连续表示质量因素级别时，应按形状、光泽、光洁度、珠层厚度（如果涉及）、匹配性（如果涉及）顺序表示。

示例 1：某件海水珍珠项链的质量因素级别的中文表示是：

形状级别：圆

光泽级别：极强

光洁度级别：无瑕

珠层厚度级别：中

匹配性级别：很好

示例 2：示例 1 中的海水珍珠项链的质量因素级别的英文代号连续表示是：

A2AACA

10.3 产品质量合格证。

10.4 使用说明书（有关警示明示等）。

参考文献

陈斌，吴新燕 . 2006. 鲍鱼壳珍珠层无机文石片的层状微结构研究 . 功能材料 . 37 (10) : 1631 ~ 1633

崔福斋，冯庆玲 . 1997. 生物材料学 . 北京 : 科学出版社

高岩，张蓓莉 . 2001. 淡水养殖珍珠的颜色与拉曼光谱的关系 . 宝石和宝石学杂志 . 3 (3) :17 ~ 20

郭守国 . 2004. 珍珠——成功与华贵的象征 . 上海：上海文化出版社

海南京润珍珠博物馆 . 2012. 珍珠传奇 . 黑龙江：哈尔滨出版社

黄青萍，盘红梅 . 2000. 珍珠的药理作用及临床应用 . 时珍国医国药 . 11 (6) :564 ~ 565

李恒德，冯庆玲，崔福斋等 . 2001. 贝壳珍珠层及仿生制备研究，清华大学学报 . 41 (4 /5) : 41 ~ 47

李茂才，张燕，张鹏翔等 . 2000. 显微拉曼光谱在珍珠鉴定中的应用，光散射学报 . 12 (3) :161 ~ 164

林东洋，赵玉涛，施秋萍 . 2005. 仿生结构复合材料研究现状，材料导报 . 19 (6) : 28 ~ 31

刘敬阁，杭群 . 2006. 珍珠 . 北京：北京科学技术出版社

刘卫东 . 2003 . 塔希提黑珍珠的拉曼光谱特征及其鉴定意义，宝石和宝石学杂志 . 5 (1) :1 ~ 4

马红艳 . 2003. 海水珍珠微结构棱柱层的新认识，矿物学报 . 23 (3) : 241 ~ 244

木士春，马红艳 . 2001. 养殖珍珠微量元素特征及其对珍珠生长环境的指示意义，矿物学报 . 21 (3) :551 ~ 553

任凤章，万欣娣，刘平等 . 2007. 河蚌壳的微结构及红外光谱分析，河南科技大学学报 (自然科学版). 28 (1) : 1 ~ 4

沈玉华，谢安建 . 1998. 珍珠中碳酸钙与有机基质之间相互作用的研究 . 东南大学学报 . 28 (6) :182 ~ 185

王世全 . 2004. 中国南珠 . 四川：四川美术出版社

吴瑞华，李雯雯 . 1998. 珍珠的优化处理 . 中国宝石 . 3：101 ~ 103

谢玉坎 . 1995. 珍珠科学，北京：海洋出版社

张蓓莉，陈华，孙凤民 . 2000. 珠宝首饰评估 . 北京：地质出版社

张蓓莉，高岩，杨军涛 . 2000. 黑色珍珠发光光谱测量研究 . 中国宝石 . (4) :111 ~ 113

张蓓莉 . 2006. 系统宝石学 . 北京：地质出版社

张恩，邢铭，彭明生 . 2007. 珍珠成分特点研究 . 岩石矿物学杂志 . 26 (4) : 381 ~ 386

张刚生，谢先德，王英 . 2001. 我国主要育珠贝 (蚌) 贝壳珍珠层及珍珠的激光拉曼光谱研究 . 光谱学与光谱分析 . 21 (2) :193 ~ 196

张刚生，谢先德 . 2000. 贝壳珍珠层微结构及成因理论 . 矿物岩石 . 20 (1) :11 ~ 16

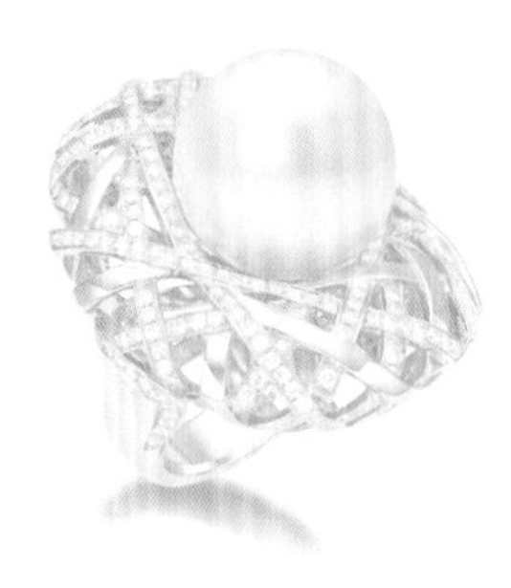

张杰魁，陈治清 . 1996. 珍珠及其在生物医学等领域中的研究进展 . 天然产物研究与开发 . 8 (20) :63 ~ 68

张莉 . 2004. 中国珍珠产业振兴研究 . 北京：中国经济出版社

张妮，郭继春，张学云等 . 2005. 淡水珍珠中文石球粒的发现与成珠机制探讨，矿物学报 . 25 (3) : 307 ~ 311

周佩玲 . 1995. 有机宝石与投资指南 . 武汉 : 中国地质大学出版社

Manne S, Zaremba C M, Giles R, et al. 1994. Atomic force microscopy of the nacreous layer in mollusk shells , Proc R Soc Lond, 256B: 17 ~ 23

Nakahara H, Bevelander G, Kakei M. 1982. Electron microscopic and amino acid studies on the outer and inner shell layers of Haliotis rufescens, VEBUS, 41 (1) : 33 ~ 46

Weiner S, Hood L. 1975. Soluble protein of the organic matrix of mollusk shells : a potential temp late for shell formation, Science, 190 (5) : 987 ~ 988

Westbroek P, Marin F. 1998. A marriage of bone and nacre Nature , 392 (30) : 861

后记

写这本书要感谢很多人。

7年前，也就是来协会工作的第二年，很荣幸，受到了时任国土资源部部长、中国珠宝玉石首饰行业协会会长孙文盛的接见。在短短的十分钟里，会长给我讲了很多做人做事的道理，那些话直到今天我都一直铭记在心，那是我一辈子受用不尽的财富。临走的时候，会长说："你是学珠宝专业的，珠宝是一个新兴产业，在很多方面还是空白，你要多静下心来想想，争取写点什么"。会长的教诲，我始终牢记在心。今天这本书首先是献给多年来关心、指导我成长的孙文盛会长。

同时，把这本书献给协会的各位领导、同事。我要深深地感谢多年来协会各位领导对我的厚爱,感谢秘书处同仁对我的支持、帮助。

还要感谢珍珠行业的各位领导、同仁、朋友。他们或者在我工作中给予了大力支持和指导，或者在我人生的道路上给了很多关心和帮助，或者对本书的编辑出版提出了宝贵意见和建议。特别要感谢的是：诸暨市原政法委书记阮建明；诸暨市副市长何鸿成；千足珍珠集团股份有限公司董事长陈夏英、总经理陈海军；浙江阮仕珍珠股份有限公司董事长阮铁军、副总经理詹桥良；浙江佳丽珍珠首饰有限公司董事长詹伟建；浙江七大洲珍珠有限公司董事长戚乌定；浙江天地润珍珠有限公司董事长王纪荣；LILYROSE（伊丽罗氏）董事长罗华呈；浙江欧诗漫集团董事长沈志荣、总经理沈荣根；京润珍珠集团董事长周树立；南珠宫董事长王世全；海南海润珍珠股份有限公司董事长张士忠；海南美裕营销有限公司董事长吴美玉；沈阳月光珠宝制造有限公司董事长赵威；华东国际珠宝城执行董事林贤富；北京红桥市场总经理解文生；苏州珠宝国际交易中心董事长黄达华；渭塘珍珠城原总经理蒋仕庆；江苏杨市珍珠有限公司董事长席胜福；苏州江南名珠国际珠宝有限公司董事长张惠明；后浪珠宝（上海）有限公司董事长沈颂晖；欧亿珠宝董事长兼总经理穆晓慧；中宝协副秘书长史洪岳；中国地质大学（北京）博士生导师吴瑞华、华东理工大学教授郭守国；山下湖原镇长姚江海；浙江省珍珠行业协会秘书长赵新光。

最后，要感谢我的家人，特别感谢爱人赵丽多年来的默默付出和理解。

由于本人水平有限，书中难免有错误、遗漏之处，希望得到读者的批评、指正。

再次感谢以上提及和没有提及的所有人。

2013年8月 于北京